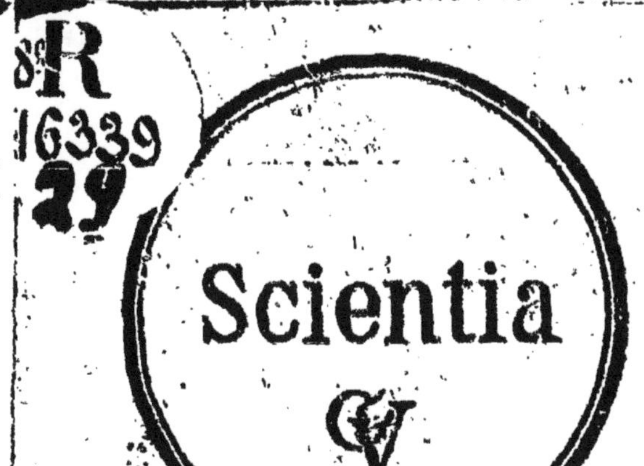

R. d'Adhémar

Les Équations aux dérivées partielles à caractéristiques réelles

N° 29

GAUTHIER-VILLARS, Éditeur

SCIENTIA
Mars 1907.

PHYS.-MATHÉMATIQUE
n° 29.

LES

ÉQUATIONS AUX DÉRIVÉES PARTIELLES

A CARACTÉRISTIQUES RÉELLES

PAR

R. D'ADHEMAR.

LES

ÉQUATIONS AUX DÉRIVÉES PARTIELLES

A CARACTÉRISTIQUES RÉELLES.

INTRODUCTION.

Le but principal de ce petit livre est de présenter une esquisse de quelques-uns des résultats actuellement obtenus touchant les équations des types (1) ou (2) :

$$\frac{\partial^2 u}{\partial x \partial y} = f\left(x, y, u, \frac{\partial u}{\partial x}, \frac{\partial u}{\partial y}\right), \tag{1}$$

$$\frac{\partial^2 u}{\partial x^2} + \frac{\partial^2 u}{\partial y^2} - \frac{\partial^2 u}{\partial z^2} = f\left(x, y, z, u, \ldots, \frac{\partial u}{\partial z}\right). \tag{2}$$

L'on peut se poser des problèmes d'intégration très divers.

Nous étudions ici le problème tel que le pose la *Physique mathématique*, point de vue extrêmement important pour l'*Analyse pure*.

Sur une frontière réelle, ouverte, l'on donne les valeurs de la solution u, de sa dérivée conormale et l'on veut obtenir la valeur de u en un point extérieur à la frontière.

Les données étant *analytiques* (¹) (ou régulières, ou holomorphes, nous entendons par là : développables en série de Taylor), l'on peut établir l'existence d'une solution analytique unique. C'est un théorème de Cauchy, retrouvé par Mme de Kowaleska et par M. Darboux.

Or, il existe des frontières portant les données, telles que le théorème de Cauchy-Kowaleska soit en défaut.

En approfondissant cette idée, l'on arrive à la notion de CARACTÉRISTIQUE.

Les équations (1) et (2) ont leurs caractéristiques *réelles*;

(¹) Voir la *Thèse* de M. Borel et la *Collection Borel*, ainsi que : J. HADAMARD, *La série de Taylor* (Collection *Scientia*).

on les dit *hyperboliques*. Au contraire, les équations du type (3)

$$\frac{d^2u}{dx^2} + \frac{d^2u}{dy^2} = f \tag{3}$$

ont leurs caractéristiques *imaginaires;* on les dit *elliptiques*.

A notre point de vue, les types elliptique et hyperbolique sont totalement différents.

Pour les équations (1), (2) la frontière est *ouverte* et porte *deux* données :

Solution ET dérivée conormale.

Pour les équations (3), l'on peut se donner une frontière *fermée* et *une* donnée :

Solution OU dérivée normale.

Pour les équations elliptiques, la solution est toujours *analytique*, tandis que, pour les équations hyperboliques, aucun élément n'est forcément analytique ([1]).

De sorte que les théories ici résumées vont plus loin, sont plus compréhensives que le théorème de Cauchy-Kowaleska.

Mais, comme les caractéristiques jouent un rôle fondamental, comme leur origine naturelle est dans l'examen minutieux de ce théorème, nous en reprenons brièvement la démonstration en résumant la théorie, aujourd'hui bien assise, de l'*équation générale aux dérivées partielles du premier ordre*.

Puis nous exposons, d'après M. Goursat, la théorie des caractéristiques pour l'*équation générale du second ordre à deux variables indépendantes* et les importants théorèmes de M. Goursat et M. Riquier.

Nous nous occupons alors des équations (1).

Un résumé très bref de la théorie *générale* des caractéristiques, d'après MM. Beudon et Hadamard, nous amène aux équations (2).

Pour les équations (1), nous essayons de mettre en relief la célèbre MÉTHODE DE RIEMANN, fondée sur l'emploi de l'intégrale de contour et sur la notion d'adjointe, et la MÉTHODE DES APPROXIMATIONS SUCCESSIVES de M. E. Picard, dont la fé-

---

([1]) Ainsi, là où le théorème de Cauchy-Kowaleska, qui suppose un domaine analytique, ne s'applique plus, on trouve une solution analytique.

Là où les données seraient celles de Cauchy, les données et la solution peuvent être simplement des fonctions k fois dérivables.

condité se montre merveilleuse dans les voies les plus diverses.

Nous montrons les résultats fondamentaux obtenus par MM. Goursat et Hadamard.

Quant aux équations (2), étudiées autrefois par Poisson, par Kirchhoff (¹), l'on sait qu'un beau Mémoire de M. Volterra (²) a récemment attiré l'attention sur elles (³).

Ce qui a été fait, à cette heure, dans cet ordre d'idées, n'est assurément pas définitif, mais la voie est ouverte pour l'étude de l'équation hyperbolique générale, et l'on admirera certainement la MÉTHODE DE M. VOLTERRA, combinaison de la Méthode de *Riemann* et celle de *Green*.

M. Hadamard publie, en ce moment, d'importants travaux sur cette question. Cette brochure pourra, peut-être, leur servir d'introduction.

Dans le dernier Chapitre, nous signalons plusieurs extensions notables des résultats antérieurement exposés avec plus ou moins de détail.

Il suffira, pour lire cette étude, de connaître la théorie des fonctions implicites (⁴), les théorèmes sur l'existence des intégrales d'une équation différentielle (⁵), le théorème général de Cauchy et Mme de Kowaleska (⁶).

L'on trouvera un article bibliographique très intéressant, sur ces questions, dans l'*Encyklopädie der mathematischen Wissenschaften*, article écrit par M. A. Sommerfeld (avril 1900).

(¹) Voir P. DUHEM, *Leçons sur l'Hydrodynamique et l'Élasticité*, Hermann, 1891.

(²) *Sur les vibrations des corps élastiques isotropes* (*Acta mathematica*, 1894).

(³) E. PICARD, *Conférences*, Gauthier-Villars, 1905.

(⁴) *Cours* ou *Traités* classiques de MM. Jordan, Picard, Humbert, Goursat, Lipschitz, de la Vallée-Poussin, Fouët, Osgood.... — E. GOURSAT, *Bull. Soc. mat. de France*, t. XXXI, 1903. — J. HADAMARD, *Ibid.*, t. XXXIV, 1906.

(⁵) Pour les fonctions *analytiques* on emploie le « Calcul des limites » de Cauchy. Pour les fonctions *générales* : la Méthode de Cauchy-Lipschitz, la Méthode des Approximations successives de M. Picard ou la Méthode de M. de la Vallée-Poussin.

(⁶) G. DARBOUX, *Comptes rendus*, 1875. — S. de KOWALESKA, *Journal de Crelle*, 1875. — Travaux de MM. Méray, Riquier, Bourlet, Delassus....

15 septembre 1906.

PREMIÈRE PARTIE.

CHAPITRE I.

ÉQUATIONS DU PREMIER ORDRE A n VARIABLES INDÉPENDANTES.

Nous renvoyons, pour l'historique, aux Ouvrages classiques (¹), citant seulement les noms de Lagrange, Cauchy, Jacobi, Lie, etc.

Nous supposons $n = 2$, car tout s'étend sans difficulté au cas général.

Donnons d'abord le théorème de Cauchy qui prouve l'existence d'une solution. Mme de Kowaleska se servait, pour cela, d'un jacobien. Nous allons, au contraire, avec M. Goursat, rester strictement au point de vue que Cauchy appelait *Calcul des limites*.

Soit donc un point O que nous pouvons prendre pour origine. Par ce point passe une courbe gauche quelconque, rendue *plane* par un changement de variable. Nous voulons trouver une surface, passant par cette courbe, solution de

$$\frac{\partial z}{\partial x} = f\left(x, y, z, \frac{\partial z}{\partial y}\right), \tag{1}$$

f étant une fonction analytique.

1. Théorème d'existence. — L'on peut écrire

$$p = f(x, y, z, q) = \sum C_{hklm} x^h y^k z^l q^m, \tag{1}$$

puisque nous sommes dans le domaine analytique (la figure ci-contre n'est qu'un chème).

(¹) Imschenetsky, *Équations du premier ordre*, traduit par Hoüel. — P. Mansion, *Équations du premier ordre*. Gauthier-Villars, 1875. — E. Goursat, *Équations du premier ordre*. Hermann, 1891. — S. Lie, *Geometrie der Berührungstransformationen*. Teubner, 1896. — E. Delassus, *Leçons sur les équations du premier ordre*. Hermann, 1897.

L'on donne une courbe BOB' dans le plan yoz, soit

$$(2) \qquad z = B_1 y + B_2 y^2 + \ldots + B_n y^n + \ldots.$$

Fig. 1.

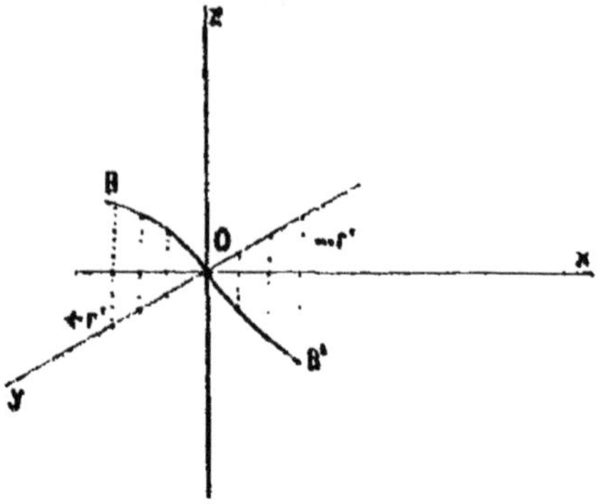

Et l'on cherche une surface intégrale passant par cette courbe au voisinage de l'origine

$$(3) \qquad z = A_{10} x + A_{01} y + A_{20} x^2 + A_{11} xy + \ldots.$$

Donc les dérivées de z, par rapport à y, sont connues en o, c'est-à-dire

$$A_{01} = B_1, \qquad A_{02} = B_2, \qquad \ldots, \qquad A_{0n} = B_n, \qquad \ldots.$$

Connaissant q, en o, l'on déduit la valeur de p, d'après (1).

Dérivons, en y, les deux membres de (1). Cela nous donnera, sans ambiguïté,

$$\left(\frac{\partial^2 z}{\partial x\, \partial y}\right)_0, \quad \left(\frac{\partial^3 z}{\partial x\, \partial y^2}\right)_0, \quad \ldots, \quad \left(\frac{\partial^{p+1} z}{\partial x\, \partial y^p}\right)_0, \quad \ldots.$$

Puis dérivons, en x une fois, puis en y. Cela nous donne, sans ambiguïté,

$$\left(\frac{\partial^2 z}{\partial x^2}\right)_0, \quad \ldots, \quad \left(\frac{\partial^{p+2} z}{\partial x^2\, \partial y^p}\right)_0, \quad \ldots.$$

Dérivons ainsi, méthodiquement, et nous obtenons tous les coefficients $A_{\alpha\beta}$ sans aucune ambiguïté.

Ayant obtenu la série formelle (3) il faut montrer sa convergence.

D'abord, en remplaçant z par $z + ax$, ce qui ne change pas la forme de (1), l'on fait disparaître le terme constant C_{0000}.

Puis, M étant une constante supérieure au module maximum de f, M. Goursat choisit habilement la majorante H de f.

$$(4)\qquad H = \frac{M}{\left(1 - \frac{\frac{x}{\alpha} + y + z}{R}\right)\left(1 - \frac{y}{\rho}\right)} - M,$$

α est un paramètre compris entre o et 1, R et ρ sont assignables d'après (1).

Faisant alors $x + \alpha y = u$, M. Goursat montre aisément que l'équation différentielle

$$(5)\qquad \frac{dz}{du} = \frac{M}{\left(1 - \frac{\frac{u}{\alpha} + z}{R}\right)\left(1 - \frac{\alpha}{\rho}\frac{dz}{du}\right)} - M$$

est une *équation majorante* pour (1), c'est-à-dire telle que le développement qu'on en déduit

$$(6)\qquad z = a_{10}x + a_{01}y + a_{20}x^2 + a_{11}xy + \ldots$$

est convergent avec $a_{\alpha\beta} > |A_{\alpha\beta}|$.

Or l'équation (5) admet une intégrale holomorphe au voisinage de o, nulle ainsi que la dérivée première, en o. Donc l'équation (1) a une solution holomorphe au voisinage de o.

La démonstration s'étend immédiatement d'un système du premier ordre à p fonctions z et p équations [1]. Mais nous n'avons ainsi qu'une solution *locale*, comme dit M. Hadamard, une solution autour de o dans un petit domaine. M. Goursat a, tout récemment, apporté à ce sujet des résultats nouveaux que nous allons résumer.

2. Nouvelle expression de la solution. — Soient deux variables x, y, dans leurs plans respectifs, soit D l'aire d'un cercle de centre x_0 et de rayon R. Soit $\mathfrak{D}$ un domaine quelconque pour y [2].

Soit une fonction $F(x, y)$ holomorphe quand x est dans D et y dans $\mathfrak{D}$. On peut la représenter par S_1 ou par S_2

$$(S_1)\qquad P_0(y) + P_1(y)(x - x_0) + \ldots + P_n(y)(x - x_0)^n + \ldots,$$

$$(S_2)\qquad \sum\sum A_{hk}(x - x_0)^h (y - y_0)^k.$$

---

(1) E. Goursat, *Cours*, t. II.

(2) E. Goursat, *Soc. math. de France*, 1906.

P_n est *holomorphe* et la première vaut pour tout le domaine $(D, \mathcal{D})$; la deuxième série vaut seulement pour le domaine formé par D pour x, et pour y par le cercle de rayon ρ_0 (ρ_0 dépendant de y_0).

Fig. 2. Fig. 3.

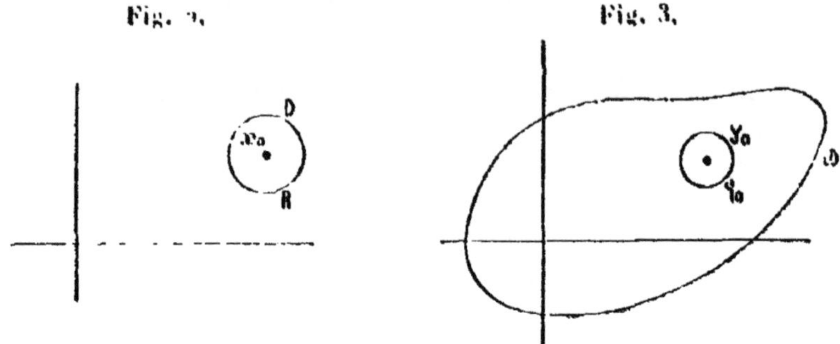

Inversement, si l'on a une série S_1, les P_n étant holomorphes en y dans $\mathcal{D}$, et si, formant S_2 en partant de S_1, on peut trouver en chaque point y_0 un nombre ρ_0 tel que S_2 converge pour $|x - x_0| \leq R$, $|y - y_0| < \rho_0$, R étant fixe, l'on peut affirmer que S_1 converge dans le domaine $(D, \mathcal{D})$ et représente une fonction holomorphe.

Cela posé, étudions l'équation

$$p = f(x, y, z, q),$$

en supposant, ce qui est toujours possible, que l'on cherche la surface intégrale contenant la droite $z = 0$, $x = x_0$.

Supposons f holomorphe quand x reste dans une aire circulaire D_1 de centre x_0, de rayon a, z et q dans des aires circulaires D_2, D_3 de centre o, enfin y dans une aire $\mathcal{D}$.

Écrivons donc notre équation

$$p = \sum \Phi_{\alpha\beta\gamma}(y)(x - x_0)^{\alpha} z^{\beta} q^{\gamma}.$$

Cherchons la solution sous la forme

$$z = \varphi_1(y)(x - x_0) + \ldots + \varphi_n(y)(x - x_0)^n + \ldots$$

Nous la trouverons convergente pourvu que l'on ait

$$|x - x_0| < R,$$

R étant fixe, assez petit; et pourvu que y reste dans une aire $\mathcal{D}'$ intérieure à $\mathcal{D}$.

L'on voit la grande importance de ce résultat, dans le domaine réel comme dans le domaine complexe. Par ce procédé

M. Goursat aborde l'étude d'une intégrale tout le long d'une caractéristique, courbe qui va être définie.

Voyons pour cela dans quel cas le théorème d'existence est en défaut.

3. Courbes d'exception. Caractéristiques. — Proposons-nous maintenant de trouver des courbes Γ

$$(\Gamma) \qquad x = x(t), \qquad y = y(t), \qquad z = z(t)$$

qui soient des cas d'exception relativement au théorème de Cauchy et de Mme de Kowaleska;

$$p = \frac{\partial z}{\partial x}, \quad q = \frac{\partial z}{\partial y}, \quad r = \frac{\partial^2 z}{\partial x^2}, \quad s = \frac{\partial^2 z}{\partial x\, \partial y}, \quad t = \frac{\partial^2 z}{\partial y^2},$$

$$\alpha = \frac{\partial^3 z}{\partial x^3}, \quad \beta = \frac{\partial^3 z}{\partial x^2\, \partial y}, \quad \gamma = \frac{\partial^3 z}{\partial x\, \partial y^2}, \quad \delta = \frac{\partial^3 z}{\partial y^3}, \quad \ldots.$$

Dans certains cas, il sera préférable d'écrire

$$p_{10} = \frac{\partial z}{\partial x}, \quad p_{01} = \frac{\partial z}{\partial y}, \quad p_{20} = \frac{\partial^2 z}{\partial x^2},$$

$$p_{11} = \frac{\partial^2 z}{\partial x\, \partial y}, \quad p_{30} = \frac{\partial^3 z}{\partial x^3}, \quad \ldots.$$

On donne donc

$$(1) \qquad F(x, y, z, p, q) = 0.$$

Sur une courbe gauche C on donne l'intégrale, soit $z(t)$. Sur C, p, q, r, s, ... sont fonctions de t.

Dans quel cas C devient-elle une courbe d'exception Γ?

$z(x, y)$ doit être une surface intégrale, donc

$$(2) \qquad dz = p\, dx + q\, dy.$$

Sur C, les relations (1) et (2) *ne renferment que* t (et dt que l'on peut éliminer).

(1) et (2) donnent donc les valeurs de p et q, en t, si le *jacobien* n'est pas nul.

Posons

$$\frac{\partial F}{\partial x} = X, \quad \ldots, \quad \frac{\partial F}{\partial p} = P, \quad \ldots.$$

le jacobien est

$$J = \begin{vmatrix} dx & dy \\ P & Q \end{vmatrix}.$$

Si $J = 0$, on ne peut plus affirmer que (1) et (2) donnent $p(t)$ et $q(t)$ d'une manière unique, bien déterminée.

Si $J \neq 0$, p et q sont bien définis, en t, de même r et s, d'après ces deux équations, conséquences de (1) et (2),

$$\left.\begin{array}{ll}(3) & X + pZ + Pr + Qs = 0, \\ (3') & -dp + r\,dx + s\,dy = 0,\end{array}\right\} \text{ équations en } t.$$

De même, t et τ sont définis par

$$\left.\begin{array}{ll}(4) & Y + qZ + Ps + Q\tau = 0, \\ (4') & -dq + s\,dx + \tau\,dy = 0,\end{array}\right\} \text{ équations en } t.$$

J est le déterminant fondamental pour les deux systèmes. Si $J = 0$, il y a impossibilité ou indétermination.

Si l'on peut trouver x, y, z, p, q, en t, annulant tous déterminants de ce Tableau :

$$\left\| \begin{array}{cccc} dx & dy & -dp & -dq \\ P & Q & X + pZ & Y + qZ \end{array} \right\|,$$

l'on aura une courbe Γ', en x, y, z, p, q, le long de laquelle r, s, τ seront *indéterminés*.

Adjoignons à (1) et (2) ces relations (*avec* ou *sans* t)

$$(5) \qquad \frac{dx}{P} = \frac{dy}{Q} = \frac{-dp}{X + pZ} = \frac{-dq}{Y + qZ} \qquad (= dt),$$

ce qui donne

$$(6) \qquad \frac{dz}{Pp + Qq} = \frac{dx}{P} = \ldots \qquad (= dt).$$

Ce système admet les *intégrales premières*

$$F(x, y, z, p, q) = 0,$$
$$G_h(x, y, z, p, q) = c_h \qquad (h = 1, 2, 3).$$

On peut encore écrire l'intégrale de (6)

$$\begin{array}{ll}(\mathrm{I}) & x = x(t, c_1, c_2, c_3), \\ (\mathrm{II}) & y = y(t, c_h), \\ (\mathrm{III}) & z = z(t, c_h), \\ (\mathrm{IV}) & p = p(t, c_h), \\ (\mathrm{V}) & q = q(t, c_h).\end{array}$$

Si $J \neq 0$, toutes les dérivées de z s'obtiennent de même, sur C, Φ étant une fonction connue de $xyzpqrs\tau$, provenant de la dérivée, en x, du premier membre de (3), l'on a

$$
\left.\begin{array}{ll}
(7) & \Phi + P\alpha + Q\beta = 0, \\
(7') & -dr + \alpha\, dx - \beta\, dy = 0,
\end{array}\right\} \text{ équations en } t.
$$

deux systèmes analogues donnent (β, γ) et (γ, δ).

[On laisse de côté des équations *inutiles*, car si les résultats sont *continus* on sait que $\frac{\partial}{\partial x}\left(\frac{\partial^2 z}{\partial x\,\partial y}\right) = \frac{\partial}{\partial y}\left(\frac{\partial^2 z}{\partial x^2}\right); \ldots$].

Si $J = 0$, on a, au contraire, le résultat suivant :

Complétons le système (6) en écrivant, à la suite,

$$
(8) \qquad \overset{(6)}{\ldots\ldots\ldots} (= dt) = \frac{-dr}{\Phi} = \frac{-ds}{\Phi_1} = \frac{-dz}{\Phi_2}.
$$

Ce nouveau système (8) donne une courbe Γ'' en x, y, z, p, q, r, s, τ le long de laquelle α, β, γ, δ sont indéterminés.

Les courbes d'indétermination Γ', Γ'', ... ont toutes un même support, les courbes de l'espace (x, y, z) définies par (I), (II), (III). Nous les appelons *courbes caractéristiques* ou courbes Γ.

Puisqu'il y a trois constantes arbitraires, par tout point (x^0, y^0, z^0) il passe une infinité simple de courbes Γ formant un conoïde.

Le cône des tangentes aux caractéristiques issues de (x^0, y^0, z^0) a pour équation

$$
\Omega(x^0, y^0, z^0, dx, dy, dz) = 0,
$$

résultat de l'élimination de p, q entre

$$
\left\{\begin{array}{l}
F(x, y, z, p, q) = 0, \\
\dfrac{dx}{P} = \dfrac{dy}{Q} = \dfrac{dz}{Pp + Qq}.
\end{array}\right.
$$

C'est le cône élémentaire (Elementar Kegel).

Ce qui est extrêmement remarquable, c'est que ces courbes Γ, exceptionnelles relativement au théorème Cauchy-Kowaleska, vont nous permettre de résoudre un problème plus général que le problème *analytique* qui a été notre point de départ.

4. **Intégration par les caractéristiques.** — Regardons les courbes Γ indépendamment de leur origine naturelle. Soit *une* courbe Γ et un point quelconque (x^0, y^0, z^0) de Γ, correspondant, si l'on veut, à $t = 0$; donnons-nous arbitrairement p^0 et q^0 valeurs de p et q pour $t = 0$: la courbe Γ' portée par Γ est définie sans ambiguïté.

Appelons intégrale une expression $z(x, y)$, continue ainsi que ses dérivées des deux premiers ordres, non plus nécessairement analytiques, satisfaisant identiquement aux équations (1) et (2).

Ce qui précède veut dire ceci :

S'il existe des intégrales ayant en commun la courbe Γ et se touchant au point $t = 0$, elles se touchent en tous les points de Γ.

C'est la simple traduction de ce fait :

Au lieu des équations (I), (II), ... (V), l'on peut écrire

$$x = \varphi_1(t, x^0, y^0, z^0, p^0, q^0)$$

et

$$y = \varphi_2, \qquad z = \varphi_3, \qquad p = \varphi_4, \qquad q = \varphi_5$$

(des mêmes *variables* et *paramètres*).

Les surfaces intégrales se raccordant le long des courbes Γ, on peut espérer que, par des assemblages de courbes Γ, on formera effectivement des solutions. C'est ce qui a lieu.

Surface intégrale passant par une courbe gauche non caractéristique. — Soit U la courbe donnée, M un point sur U

$$x^0 = g_1(u), \qquad y^0 = g_2(u), \qquad z^0 = g_3(u),$$

Fig. 4.

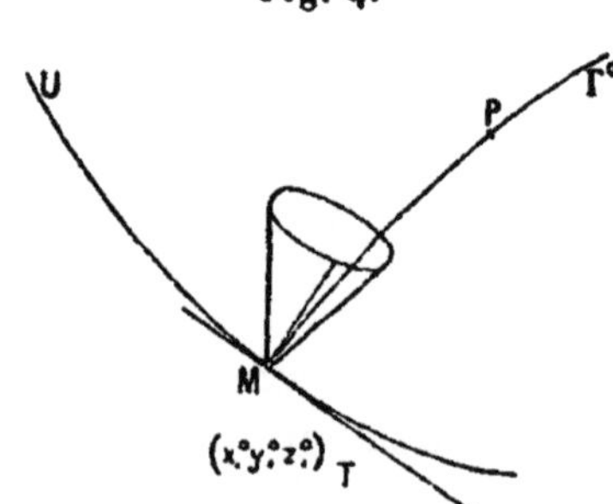

soit Γ^0 l'une des courbes Γ passant par M, P un point quelconque de Γ^0, défini par u et t ($t = 0$ correspondant à M),

Le lieu de Γ^0 formera une intégrale si l'on a :

$$(\alpha)\quad 0 = F[x(t,u),\ y(t,u),\ z(t,u),\ p(t,u),\ q(t,u)],$$

$$(\beta)\quad 0 = H = \frac{dz}{du} - p\frac{dx}{du} - q\frac{dy}{du},$$

$$(\gamma)\quad 0 = K = \frac{dz}{dt} - p\frac{dx}{dt} - q\frac{dy}{dt}.$$

En vertu des équations (6) qui régissent les variations sur Γ^0 (où u est constant) la relation (γ) a toujours lieu et (α) se réduit à la relation en u

$$(1)\qquad F(x^0, y^0, z^0, p^0, q^0) = 0.$$

Cauchy, d'autre part, a montré que l'on a

$$(2)\qquad \frac{\partial H}{dt} = -ZH,$$

ou bien

$$(3)\qquad H = H^0 e^{-\int_0^t Z\,dt},$$

H^0 étant la valeur de H en M, sur U. Donc (β) se réduit à $H^0 = 0$, ou bien

$$(4)\qquad \frac{dz^0}{du} - p^0\frac{dx^0}{du} - q^0\frac{dy^0}{du} = 0.$$

En résumé, par la tangente MT à la courbe U l'on mène un plan tangent au cône-élémentaire, ce qui détermine 1 ou m courbes Γ^0 d'où une intégrale à 1 ou m nappes.

Si, en un point isolé, u_1, de la courbe U, l'on avait

$$\frac{\dfrac{dx^0}{du_1}}{p^0} = \frac{\dfrac{dy^0}{du_1}}{q^0},$$

le cas le plus simple serait le suivant : p^0 et q^0 seraient fonctions de $(u - u_1)^{\frac{1}{K}}$, c'est-à-dire que K nappes de l'intégrale se raccorderaient le long de la caractéristique.

Solution conoïde. — L'on peut encore former une surface intégrale en prenant simplement le conoïde des caractéristiques passant par un point fixe Ω.

Un point quelconque est défini par t qui est nul en Ω et varie sur Γ, et par u qui est la constante définissant Γ sur le conoïde.

Le calcul de Cauchy, identique au précédent, montre que l'on a une intégrale si

$$F(x_1, y_1, z_1, p^1, q^1) = 0,$$

p^1 et q^1 sont variables, fonctions de u.

Fig. 5.

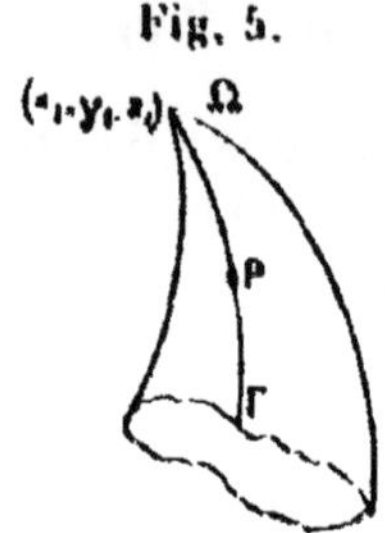

En effet, comme précédemment,

$$0 = K = \frac{\partial K}{\partial u},$$

(2) $$\frac{\partial H}{\partial t} = \frac{\partial H}{\partial t} - \frac{\partial K}{\partial u} = ZH,$$

(3) $$H = H^1 e^{-\int_0^t Z\,dt},$$

or l'on a $H^1 = 0$ puisque x_1, y_1, z_1 sont constants.

REMARQUE. — Dans tout ceci les éléments peuvent n'être pas analytiques. Il suffit que, d'une manière quelconque, l'on puisse intégrer le système (6) du n° 3, c'est-à-dire que

$$P, \quad Q, \quad X + pZ, \quad Y + qZ$$

soient continus et non tous nuls à la fois au point initial M ou $\Omega : t = 0$.

Dans le domaine analytique le système (6) donnerait la solution inacceptable

$$x = \text{const.}, \qquad \text{de même} \quad y, z, p, q.$$

Dans le domaine général il n'y aurait de résultats précis que dans des cas spéciaux. Nous supposons essentiellement Z *fini*, pour tirer de (3) notre conclusion.

Nous allons maintenant, d'après un beau Mémoire de M. G. Darboux (*Savants étrangers*, Institut de France, 1883), étudier les *solutions singulières*, dont Lagrange avait déjà parlé, mais d'une façon incomplète.

5. Solution singulière. — Nous supposerons toujours

$$\frac{\partial F}{\partial z} = Z \neq 0.$$

Supposons p et q éliminés entre les équations

$$F = 0, \qquad P = 0, \qquad Q = 0.$$

M. Darboux, qui avait résolu un problème analogue touchant les équations différentielles, a démontré ce théorème :

« *Le résultat de l'élimination donne, en général, une surface* $R(x, y, z) = 0$, *lieu des points de rebroussement des caractéristiques.* »

Et l'on a les singularités réciproques en remplaçant P par $X + pZ$ et Q par $Y + qZ$.

Définissons maintenant, avec M. Darboux, la *solution singulière* de $F = 0$ comme surface $\omega(x, y)$ satisfaisant à la fois aux équations :

$$\begin{cases} F(x, y, z, p, q) = 0, \\ P(x, y, z, p, q) = 0, \\ Q(x, y, z, p, q) = 0, \end{cases}$$

équations qui, dans ces conditions, entraînent les suivantes :

$$\begin{cases} X + pZ = 0, \\ Y + qZ = 0. \end{cases}$$

(*Dériver* F en x, en tenant compte de ce que z, p, q sont fonctions de x, et tenir compte de $P = Q = 0$; c'est immédiat.)

Étudions, au voisinage d'une intégrale singulière (quand elle existe), les caractéristiques. Soit

$$z = \omega(x, y)$$

cette intégrale, faisons

$$z' = z - \omega,$$

et écrivons l'équation, d'après $Z \neq 0$, sous la forme

$$(1) \qquad z - \Phi(x, y, p, q) = 0.$$

cette équation devient

$$z' + \omega - \Phi'(x, y, p', q') = 0,$$

si, pour la première, l'on a

$$0 = P = Q = X - p = Y - q \qquad (Z = -1),$$

l'on en déduit, pour la deuxième, les relations analogues. Donc une singulière se transforme ainsi en une singulière. Donc nous pourrons : 1° partir de la forme (1); 2° supposer que la singulière est

$$(2) \qquad z = 0.$$

Précisons la forme de (1) en prenant le cas le plus simple :

$$(1) \qquad z = \frac{Ap^2}{2} + Bpq + C\frac{q^2}{2} + \Psi(x, y, p, q),$$

Ψ étant *analytique* au voisinage de (0, 0, 0, 0) et contenant partout, ou p^2, ou q^2 en facteur.

Regardons le système (6). Si nous voulons que le point initial d'une caractéristique, situé sur la singulière, corresponde à $t = 0$, nous remplacerons dt par $\frac{d\theta}{\theta}$ et nous aurons le système

$$\begin{cases} \theta\dfrac{dx}{d\theta} = P, & \theta\dfrac{dy}{d\theta} = Q, \\ \theta\dfrac{dp}{d\theta} = p - X, & \theta\dfrac{dq}{d\theta} = q - Y. \end{cases}$$

Avec M. Darboux, posons

$$p = p'\theta, \quad q = q'\theta,$$

alors z, d'après (1), contient le facteur θ^2, d'où

$$P = P'\theta, \qquad Q = Q'\theta,$$
$$X = X'\theta^2, \qquad Y = Y'\theta^2,$$

avec

$$P' = Ap' + Bq' + \ldots, \qquad Q' = Bp' + Cq' + \ldots.$$

Nous pouvons alors intégrer le système en choisissant arbitrairement

$$p'^0 = \alpha, \qquad q'^0 = \beta.$$

$$\begin{cases} \dfrac{dx}{d\theta} = P', & \dfrac{dy}{d\theta} = Q', & \dfrac{dz}{d\theta} = \theta(P'p' + Q'q'), \\ \dfrac{dp'}{d\theta} = -X', & \dfrac{dq'}{d\theta} = -Y'. \end{cases}$$

Nous avons

$$P'^0 = A\alpha + B\beta, \qquad Q'^0 = B\alpha + C\beta,$$

d'où

$$x = (A\alpha + B\beta)\theta + \ldots,$$
$$y = (B\alpha + C\beta)\theta + \ldots,$$
$$z = K\theta^2 \qquad + \ldots.$$

Voilà une caractéristique passant par le point (o, o, o) de l'intégrale singulière et tangente à la singulière.

Elle contient une seule constante $\frac{\alpha}{\beta}$, car le système différentiel ne change pas par la substitution θ, $C\theta$.

Ici le cône élémentaire (*Elementar Kegel*) est un plan, le plan tangent à la singulière.

Dès lors, comment former l'intégrale si la courbe donnée U devient une courbe V tracée sur la singulière?

Fig. 6.

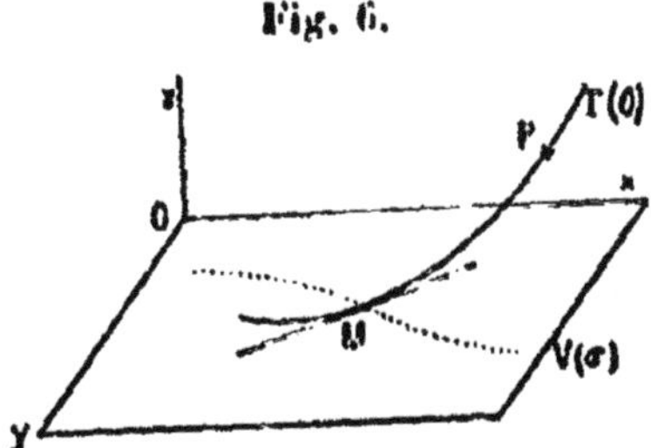

Soit M un point de V, de paramètre σ.

L'on a, bien entendu, $F = 0$, quelle que soit la caractéristique Γ et quel que soit le point P et

$$0 = K = \frac{\partial z}{\partial \theta} - p\frac{\partial x}{\partial \theta} - q\frac{\partial y}{\partial \theta}.$$

Il faut avoir, quel que soit P,

$$0 = H' = \frac{\partial z}{\partial \sigma} - p\frac{\partial x}{\partial \sigma} - q\frac{\partial y}{\partial \sigma}.$$

Or,

$$\frac{\partial H}{\partial \theta} = \frac{\partial H}{\partial \theta} - \frac{\partial K}{\partial \sigma} = \frac{1}{\theta}H,$$

d'où

$$H = m\theta.$$

Il faut donc avoir

$$m = \left(\frac{\partial H}{\partial \theta}\right)^0 = 0;$$

m est une fonction de σ qui doit s'annuler sur la courbe V

$$x^0 = f_1(\sigma), \qquad y^0 = f_2(\sigma), \qquad z^0 = 0,$$

$$m = \frac{\partial^2 z^0}{\partial\sigma\,\partial\theta} - p^0\frac{\partial^2 x^0}{\partial\sigma\,\partial\theta} - q^0\frac{\partial^2 y^0}{\partial\sigma\,\partial\theta} - \frac{\partial p^0}{\partial\theta}\frac{\partial x^0}{\partial\sigma} - \frac{\partial q^0}{\partial\theta}\frac{\partial y^0}{\partial\sigma}.$$

Les trois premiers termes sont nuls ; il reste

$$0 = \alpha\frac{\partial x^0}{\partial\sigma} - \beta\frac{\partial y^0}{\partial\sigma},$$

ce qui achève de définir *la caractéristique* à choisir en M.

Ainsi, dans le domaine analytique (l'extension serait difficile), M. Darboux a montré que la courbe U définit encore une surface intégrale si elle devient une courbe V tracée sur la singulière.

En particulier, réduisons V à un point : *Toutes les caractéristiques passant par un point fixe de la singulière forment une surface intégrale.* (Ici $m \equiv 0$.)

6. Théorie de Lagrange. — Il est utile de faire l'histoire de ce problème, car cette histoire montre admirablement de quelle manière se fait le progrès dans les Mathématiques.

Les hommes de génie, comme Lagrange, font rarement de grosses erreurs, mais souvent leurs points de vue ont besoin d'être *précisés* et, en partie, *modifiés*. Ce qui prouve uniquement l'extraordinaire effort du précurseur.

Lagrange disait : Soient a, b deux constantes et une surface

$$(1) \qquad f(x, y, z, a, b) = 0.$$

L'on a, *sur la surface*,

$$(2) \qquad \frac{\partial f}{\partial x} + p\frac{\partial f}{\partial z} = 0,$$

$$(3) \qquad \frac{\partial f}{\partial y} + q\frac{\partial f}{\partial z} = 0.$$

Éliminons a, b, il vient

$$(\mathrm{I}) \qquad F(x, y, z, p, q) = 0.$$

Lagrange supposait implicitement que toute l'équation du premier ordre a la même origine que (I).

Il en concluait que, connaissant *une intégrale complète* (1), on obtient toutes les intégrales de (I) :

1° En donnant à a, b toutes les valeurs, on a toutes les *complètes ;*

2° En posant $b = \varphi(a)$ (φ *arbitraire*) et en prenant l'enveloppe, on a les intégrales *générales ;*

3° En prenant l'enveloppe de *toutes les complètes*, on a *la singulière.*

Tout cela est parfait si (I) a l'origine dite. Et encore, les grands théorèmes d'existence de Cauchy ont fait pressentir de plus en plus que les solutions des équations telles que (I) n'ont d'existence que dans un champ très limité du domaine analytique.

Ainsi, le théorème de Cauchy et de Mme de Kowaleska nous fournirait (1), étant donné (I), mais pas sûrement, dans un champ suffisant pour que soit applicable la théorie des enveloppes.

C'est ainsi que M. Darboux a repris à neuf toute la théorie des singulières.

En général, il n'y en a pas.

Si elle existe, elle jouit des principales propriétés de la singulière de Lagrange, ainsi que nous l'avons vu.

7. Équation linéaire. — Soit $Pp + Qq = R$.

P, Q, R sont fonctions de x, y, z.

Les caractéristiques sont des courbes en x, y, z, définies par

$$\frac{dx}{P} = \frac{dy}{Q} = \frac{dz}{R}.$$

Il y a *une seule* caractéristique en un point quelconque (x^0, y^0, z^0) au voisinage duquel P, Q, R n'ont pas de singularité.

La théorie de l'intégration et de la solution singulière est donc infiniment plus simple, comme il est bien connu.

Note. — Sur la nature *analytique* des solutions, voir *la Dissertation inaugurale* de Earle Raymond Hedrick (Göttingen, 1901).

CHAPITRE II.

ÉQUATIONS GÉNÉRALES DU SECOND ORDRE A DEUX VARIABLES INDÉPENDANTES.

La théorie des équations du *second ordre* a été l'objet de travaux de caractères très divers, que l'on ne saurait résumer ici.

r, s, t étant les dérivées partielles de z en x^2, xy, y^2, *Monge* et *Ampère* ont, les premiers, étudié les équations

$$(1) \qquad Hr + 2Ks + Lt + M + N(rt - s^2) = 0,$$

H, K, ..., N étant fonctions de x, y, z, p, q.

Très anciennement, *Euler* avait obtenu des résultats notables touchant des équations, cas particuliers de celles de *Laplace* :

$$(2) \qquad A\frac{\partial^2 z}{\partial x\, \partial y} + B\frac{\partial z}{\partial x} + C\frac{\partial z}{\partial y} + Dz + E = 0.$$

Autrefois, l'on ne doutait pas de l'existence des solutions, sous forme *explicite*, avec des fonctions arbitraires dans leur expression valable pour tout l'espace.

Cauchy est venu restreindre nos ambitions en recherchant, dans un domaine restreint, une surface intégrale, analytique, pour l'équation la plus générale :

$$(3) \qquad F(x, y, z, p, q, r, s, t) = 0,$$

surface astreinte à *passer par une courbe* C avec *un plan tangent donné* le long de C.

L'on démontre un théorème d'existence analogue à celui du Chapitre I, sauf que, au voisinage de o, l'on donne, en outre, les valeurs analytiques de p et q. Comme précédemment, l'on passe de la courbe située dans le plan zoy à une courbe quelconque.

Nous allons voir comment se présente le problème de Cauchy.

En même temps, comme pour les équations du premier ordre, nous rechercherons les multiplicités pour lesquelles le théorème est en défaut et nous chercherons à faire apercevoir quel est le rôle de ces caractéristiques d'un nouveau genre.

Monge avait, à son point de vue, reconnu le rôle de cet élément fondamental. M Goursat a fait pleinement connaître ses travaux et les admirables découvertes d'Ampère.

Les caractéristiques tout à fait générales, relatives à l'équation (3), ne jouissent pas de certaines propriétés spéciales à celles de (1) et qui font de ces équations de Monge-Ampère une classe d'équations tout à fait à part.

Nous renvoyons encore, pour l'historique, aux Ouvrages classiques [1].

Le lecteur s'apercevra que nous sommes ici assez loin du degré de perfection qu'a atteint la théorie dans le cas du *premier ordre*.

1. Caractéristique du second ordre. — Nous suivons pas à pas M. Goursat, en modifiant un peu la forme seulement.

Cherchons donc une courbe Γ en $x, y, z, p, q, \ldots, t$, qui sont chacune fonction de θ, telle que le théorème d'existence tombe en défaut.

L'on a le système

$$\left.\begin{aligned} &(1) \quad F(x, y, z, p, q, r, s, t) = 0 \\ &(3) \quad -dp + r\,dx + s\,dy = 0 \\ &(3') \quad -dq + s\,dx + t\,dy = 0 \end{aligned}\right\} \quad \text{équations en } \theta.$$

Pour que l'on ne puisse tirer r, s, t du système, sans ambiguïté, il faut que le jacobien soit nul :

$$(4) \qquad 0 = J = T\,dx^2 - S\,dx\,dy + R\,dy^2.$$

Nous posons toujours

$$X = \frac{\partial F}{\partial x}, \qquad \ldots, \qquad P = \frac{\partial F}{\partial p}, \qquad \ldots, \qquad T = \frac{\partial F}{\partial t}.$$

Nous supposons que l'on n'a pas une intégrale $\omega(x, y)$ satisfaisant à la fois aux équations

$$F = 0, \qquad T = 0, \qquad S = 0, \qquad R = 0,$$

dite *solution singulière*. Ce serait encore une question à étudier séparément.

---

[1] Imschenetsky, *Équations du deuxième ordre*, trad. Houel. — Graindorge, *Équations du deuxième ordre*. Bruxelles, Hayez, 1872. — E. Goursat, *Équations du deuxième ordre*, 2 vol. Paris, Hermann.

Aux équations (1), (3), (3′), (4) adjoignons d'abord

(2) $$dz = p\,dx + q\,dy,$$

puis celle qui exprime que, si r, s, t sont des fonctions *connues* de θ, il y a indétermination pour les dérivées troisièmes

$$\alpha, \quad \beta, \quad \gamma, \quad \delta \qquad \text{ou} \qquad p_{30}, \quad p_{21}, \quad p_{12}, \quad p_{03}.$$

Si nous posons

$$\begin{aligned} X_1 &= X + pZ + rP + sQ, \\ Y_1 &= Y + qZ + sP + tQ, \end{aligned}$$

nous avons, pour déterminer α, β, γ, δ, le système

$$\left\{\begin{aligned} & X_1 + R\alpha + S\beta + T\gamma = 0, \\ & -dr + \alpha\,dx + \beta\,dy = 0, \\ & Y_1 + R\beta + S\gamma + T\delta = 0, \\ & -dt + \gamma\,dx + \delta\,dy = 0 \end{aligned}\right.$$

dont le déterminant est $D = -J$:

$$D = \begin{vmatrix} R & S & T & 0 \\ 0 & R & S & T \\ dx & dy & 0 & 0 \\ 0 & 0 & dx & dy \end{vmatrix}.$$

Donc, annuler D, c'est écrire l'équation (4). Supposons que ni R ni T ne soient identiquement nuls; nous prenons pour déterminant principal celui qui est marqué

$$D' = T^2\,dy.$$

On peut alors prendre α quelconque, β, γ, δ seront déterminés si l'on a

$$D'' = 0 = \begin{vmatrix} -X_1 & & & \\ -Y_1 & & D' & \\ dr & & & \\ dt & 0 & dx & dy \end{vmatrix}.$$

Développons et tenons compte de ce que la différentielle de F est nulle, d'après (1)

$$X_1\,dx + Y_1\,dy + R\,dr + S\,ds + T\,dt = 0 \qquad (\text{équation en } \theta,\ d\theta).$$

Tenons compte, aussi, de l'équation (4). Il vient

(5) $$X_1 + T\frac{ds}{dy} + R\frac{dr}{dx} = 0.$$

Soit donc le système (1), (2), (3), (3'), (4), (5), nous avons *six équations différentielles*, et, si nous faisons, par exemple, $x = 0$, nous avons *sept fonctions inconnues* de x.

La solution contient *une fonction arbitraire*. Pour une telle solution, dans les termes du développement de Taylor formel, le coefficient de $\dfrac{\partial^3 z}{\partial x^3}$ est *arbitraire*.

Cette solution $y(x)$, $z(x)$, $p(x)$, ..., $t(x)$ est dite *caractéristique* de (1).

Ceci est le cas général, RT n'est pas identiquement nul. D'autres cas peuvent se présenter :

Cas A. — Si l'on avait $T \equiv 0$ et R non nul, l'équation (4) se dédoublerait explicitement en

$$(4') \qquad R\,dy - S\,dx = 0,$$

$$(4'') \qquad dy = 0.$$

Avec (4') l'on n'a qu'à conserver (1), (2), ..., (5). Avec (4'') l'on a des changements notables : (5) devient

$$(5') \qquad X_1 + R\frac{dr}{dx} + S\frac{ds}{dx} = 0.$$

Cas B. — Si l'on avait $T \equiv 0$, $R \equiv 0$, l'équation (4) donnerait

$$(4'') \qquad dx = 0,$$

$$(4''') \qquad dy = 0;$$

d'où, pour (5), les formes

$$(5'') \qquad X_1 + S\frac{dr}{dy} = 0,$$

$$(5''') \qquad X_1 + S\frac{ds}{dx} = 0.$$

Cas C. — Si la relation $S^2 - 4RT = 0$ découlait de $F = 0$, l'équation (4) aurait constamment une racine double en $\dfrac{dy}{dx}$; d'où des caractéristiques ayant des propriétés spéciales.

Cas D. — Enfin, pour les équations de Monge-Ampère, si on laisse de côté (3) et (3'), l'on a le système

$$\left\{\begin{array}{l} H\,dp\,dy + L\,dq\,dx + M\,dx\,dy + N\,dp\,dq = 0, \\ H\,dy^2 - 2K\,dx\,dy + L\,dx^2 + N(dp\,dx + dq\,dy) = 0, \\ dz = p\,dx + q\,dy; \end{array}\right.$$

d'où r, s, t sont exclus. L'on peut, ici, *détacher* de la caractéristique du *second ordre* en x, y, ..., q, r, s, t une caractéristique du *premier ordre* en x, y, z, p, q; d'où l'al ure spéciale de la théorie des équations de Monge-Ampère, avec les *intégrales intermédiaires*.

En tout cas, une différence essentielle est déjà apparue entre les équations d'ordre *un* et celles d'ordre *deux*.

Appelons *caractéristiques d'ordre zéro, un, deux*, ... des multiplicités d'exception relativement au théorème de Cauchy-Kowaleska, contenant z seul, ou ses dérivées premières, ou celles du premier et du deuxième ordre, ...

Pour les équations du premier ordre, l'on obtient normalement des caractéristiques d'ordre *un* dont se détachent tout naturellement des caractéristiques d'ordre *zéro* : des courbes ordinaires. En un point il y a *une* de ces courbes Γ dans le cas linéaire, et *un conoïde* de courbes Γ dans le cas non linéaire.

Alors l'intégration est immédiate.

Ici, au contraire, il y a *une fonction arbitraire* dans les équations des caractéristiques qui sont d'ordre *deux*.

La question est donc *tout autre*.

Pour préciser, poursuivons notre étude.

Supposons connues, sur la caractéristique d'ordre deux, toutes les dérivées secondes et cherchons, pour les dérivées troisièmes, des valeurs telles que les dérivées quatrièmes soient *indéterminées*.

Sur une intégrale, z, p, q, ... sont fonctions de x et y. Supposant ces valeurs portées dans (1), cette équation devient une identité

$$\overline{F}(x, y) = 0;$$

toutes les dérivées partielles sont aussi identiquement nulles. De même que nous avons écrit déjà

$$\frac{\partial \overline{F}}{\partial x} = X_1 + R p_{30} + S p_{21} + T p_{12} = 0,$$

$$\frac{\partial \overline{F}}{\partial y} = Y_1 + R p_{21} + S p_{12} + T p_{03} = 0,$$

écrivons aussi

$$\frac{\partial^2 \overline{F}}{\partial x\, \partial y} = X_1' + R p_{31} + S p_{22} + T p_{13} = 0,$$

$$\frac{\partial^2 \overline{F}}{\partial x^2} = X_2 + R p_{40} + S p_{31} + T p_{22} = 0.$$

Adjoignons-y les relations fondamentales

$$-dp_{30}+p_{40}\,dx+p_{31}\,dy=0,$$
$$-dp_{21}+p_{22}\,dx+p_{13}\,dy=0,$$
$$-dp_{03}+p_{13}\,dx+p_{04}\,dy=0.$$

Nous avons cinq équations pour nos cinq inconnues. Le déterminant $D_1=dy\,D$; si l'on a $RT\neq 0$, nous prendrons pour déterminant principal le mineur D'_1 (séparé par le pointillé)

$$D_1=\begin{vmatrix} R & S & T & 0 & 0 \\ 0 & R & S & T & 0 \\ dx & dy & 0 & 0 & 0 \\ 0 & 0 & dx & dy & 0 \\ 0 & 0 & 0 & dx & dy \end{vmatrix}.$$

Dans ces conditions, d'après (4), l'on a $D_1=0$. Si l'on se donne arbitrairement p_{40}, les autres dérivées sont déterminées sans ambiguïté si le déterminant D''_1 est nul (théorème classique dit *de Rouché*) :

$$D''_1=dy\begin{vmatrix} -X_2 & S & T & 0 \\ -X'_1 & R & S & T \\ dp_{30} & dy & 0 & 0 \\ dp_{12} & 0 & dx & dy \end{vmatrix}.$$

Or ce déterminant ne diffère de D'' que par la première colonne. Il est inutile de le calculer, puisque D'' a été développé.

Tenant compte de la relation

$$d\left(\frac{\partial F}{\partial x}\right)=X_2\,dx+X'_1\,dy+\ldots,$$

expression en θ *identiquement nulle* sur une intégrale, et de la relation (4), l'on trouve l'analogue de (5) :

$$\left\{\begin{array}{lcl} X_1 & \text{devient} & X_2, \\ p_{20} & \text{»} & p_{30}, \\ p_{11} & \text{»} & p_{21}; \end{array}\right.$$

$$X_2+R\frac{dp_{30}}{dx}+T\frac{dp_{21}}{dy}=0. \tag{6}$$

Si aux équations de la caractéristique d'ordre deux nous

ajoutons celles-ci : d'abord (6), puis

$$dp_{20} = p_{30}\,dx + p_{21}\,dy,$$
$$dp_{11} = p_{21}\,dx + p_{12}\,dy,$$
$$dp_{02} = p_{12}\,dx + p_{03}\,dy,$$

nous ajoutons quatre équations et quatre inconnues; nous aurons donc, avec le même degré d'arbitraire, des caractéristiques d'ordre trois, multiplicités telles que l'on puisse se donner arbitrairement p_{40} et que les autres dérivées quatrièmes s'en déduisent pour la formation de la série formelle représentant $z(x, y)$.

En faisant les calculs de la même manière, l'on atteint le cas le plus général.

Une caractéristique d'ordre n s'obtient en ajoutant aux équations des caractéristiques d'ordre $(n-1)$ les suivantes :

$$\left\{\begin{array}{l} X_{n-1} + R\dfrac{dp_{n,0}}{dx} + T\dfrac{dp_{n-1,1}}{dy} = 0, \\ -dp_{n-1,0} + p_{n,0}\,dx \quad + p_{n-1,1}\,dy = 0, \\ \dots\dots\dots\dots\dots\dots\dots\dots\dots\dots \\ -dp_{0,n-1} + p_{1,n-1}\,dx + p_{0,n}\,dy \quad = 0. \end{array}\right.$$

Par exemple, D_2, en choisissant bien parmi les équations employées, sera de la forme

$$D_2 = dy^2\,D;$$

donc D_2 est nul si D, ou J, est nul (4). Puis l'on a un déterminant bordé qui, au facteur près dy^2, est déduit de D'' par un changement de la première colonne seule. Il suffit donc d'avoir développé D'', ...

2. Théorèmes de Cauchy et de M. Goursat. — Nous concluons :

1° J étant *non nul*, connaissant p et q sur une courbe C, nous pouvons calculer sans ambiguïté toutes les dérivées et, par la méthode des majorantes, l'on montrera que la *série formelle* obtenue *converge au voisinage de* C;

2° Au contraire, sur une caractéristique d'ordre deux, avec la condition $RT \neq 0$ et $S^2 - 4RT \neq 0$, il existe une infinité de surfaces intégrales se raccordant.

Pour démontrer la première partie (théorème de Cauchy et de Mme de Kowaleska) on peut, avec M. Goursat, écrire l'équation

$$r = F(x, y, z, p, q, s, t)$$

et supposer que l'intégrale z, ainsi que $\frac{\partial z}{\partial x}$ soit *nulle* pour $x = 0$.

On fait disparaître la constante en changeant z en $z + \frac{ax^2}{4}$ et l'on remplace z par $z' + \varphi(y) + x\psi(y)$,

$\varphi(y)$ étant la valeur donnée pour z;

$\psi(y)$ étant la valeur donnée pour $\frac{\partial z}{\partial x}$.

L'on prend la majorante

$$\frac{M}{\left(1 - \frac{x + y + z + p + q}{\rho}\right)\left(1 - \frac{s + t}{R}\right)} - M,$$

a fortiori majorante en remplaçant x par $\frac{x}{\alpha}$; l'on fait

$$x + \alpha y = X;$$

d'où

$$\frac{d^2 z}{dX^2} = \lambda\left(\frac{d^2 z}{dX^2}\right)^2 + \text{fonct. holom. de } X, z, \frac{dz}{dX},$$

toutes les dérivées sont positives à l'origine; d'où le théorème annoncé.

Nous allons, pour bien préciser le degré d'exception d'une caractéristique d'ordre *deux*, démontrer ce théorème de M. Goursat :

Par une caractéristique d'ordre deux ($S^2 - 4RT$ n'étant pas nul) *il passe une infinité de surfaces intégrales. Il existe une infinité de surfaces intégrales ayant avec l'une de celles-ci un contact d'ordre n* (n quelconque) *tout le long de la caractéristique.*

Si l'on appelle *sous-caractéristique* la multiplicité *ponctuelle* contenue dans la caractéristique, l'on peut d'abord supposer que l'équation donnée $F = 0$ a subi une transformation ponctuelle et que la caractéristique est représentée par

$$\begin{cases} y = 0, \\ z = 0, \end{cases} \text{sous-caractéristique, axe } \overline{ox},$$
$$\begin{cases} p = 0, \\ r = 0, \\ q = f(x), \quad s = f'(x), \quad t = \varphi(x). \end{cases}$$

Faisant alors

$$z = z' + yf + \frac{y^2}{2}\varphi,$$

ce système devient

$$(1) \qquad y = z = p = r = q = s = t = 0.$$

Quelle est alors la forme de l'équation, transformée de F? Nous nous plaçons autour de l'*origine* $x = y = z \ldots = t = 0$,

$$T_0 dx^2 + S_0 dx\, dy + R_0 dy^2 = 0$$

doit donner $dy = 0$, donc $T_0 = 0$, donc $S_0 \neq 0$ (sinon

$$S_0^2 - 4R_0T_0$$

serait nul), on peut donc écrire l'équation

$$(1) \qquad s - \Phi(x, y, z, p, q, r, t) = 0.$$

Nous sommes dans le domaine analytique, Φ est une série convergente autour de l'origine.

Changeons x en $x + ky$ et nous n'aurons pas de terme en *r seul*.

Or, la caractéristique est, d'une part, donnée par (I). D'autre part, elle est représentée par

$$(\text{II}) \quad \begin{cases} F = 0, \quad dy = 0, \quad dz = p\,dx, \quad dp = r\,dx, \quad dq = s\,dx \\ \text{et } X_1 + S\dfrac{ds}{dx} = 0 \quad \text{ou bien} \quad Y_1 + S\dfrac{dt}{dx} = 0. \end{cases}$$

Donc l'on doit avoir, sur $\overline{ox}$,

$$\frac{\partial \Phi}{\partial t} = 0, \qquad \frac{\partial \Phi}{\partial x} = 0, \qquad \frac{\partial \Phi}{\partial y} = 0$$

[en vertu des équations (I), X_1 se réduit à $\dfrac{\partial \Phi}{\partial x}$ et Y_1 à $\dfrac{\partial \Phi}{\partial y}$].

Donc

$$\Phi = \overset{\cdots}{\sum} A_{\alpha \ldots \lambda} x^{\alpha} \ldots t^{\lambda},$$

le signe $\overset{\cdots}{\sum}$ excluant tous termes en x^n, yx^n, tx^n et celui en *r seul*.

Formons la série formelle relative à $s - \Phi = 0$ en recherchant une intégrale $z(x, y)$ qui soit *nulle* sur ox, égale à $\psi(y)$ sur oy, et analytique autour de $x = y = 0$.

Au point O, toutes les dérivées $p^0_{\lambda 0}$ et p^0_{0k} sont connues d'après ces données.

Puis, d'après (1),

$$p^0_{11} = 0.$$

L'on a

$$p_{12} = \underline{\frac{\partial\Phi}{\partial y}} + \frac{\partial\Phi}{\partial z}p_{01} + \frac{\partial\Phi}{\partial p_{10}}p_{11} + \frac{\partial\Phi}{\partial p_{01}}p_{02} + \underline{\frac{\partial\Phi}{\partial p_{20}}}p_{21} + \underline{\frac{\partial\Phi}{\partial p_{02}}}p_{03}.$$

Les termes soulignés sont *nuls* en O.

Fig. 7.

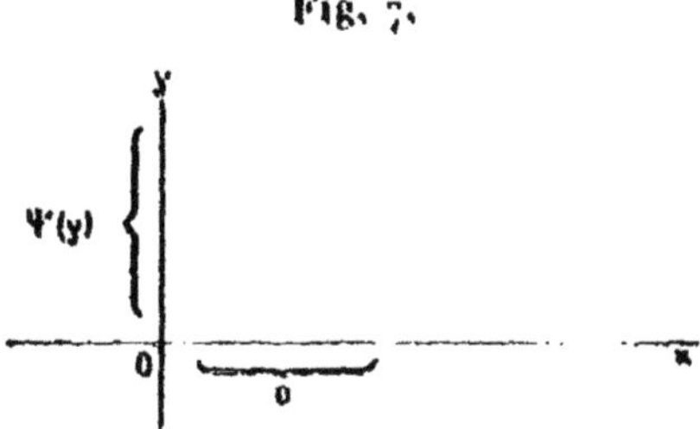

Dans les autres l'on a des dérivées *nulles* en O.

Donc en O

$$p_{12}^0 = 0.$$

L'on a

$$p_{21} = \underline{\frac{\partial\Phi}{\partial x}} + \frac{\partial\Phi}{\partial z}p_{01} + \frac{\partial\Phi}{\partial p_{10}}p_{20} + \frac{\partial\Phi}{\partial p_{01}}p_{11} + \underline{\frac{\partial\Phi}{\partial p_{20}}}p_{30} + \underline{\frac{\partial\Phi}{\partial p_{02}}}p_{12}.$$

De même

$$p_{21}^0 = 0.$$

Montrons que l'on a

$$0 = p_{31}^0 = p_{41}^0 = p_{51}^0 = \ldots$$
$$0 = p_{22}^0 = p_{32}^0 = p_{42}^0 = \ldots$$

C'est le *point capital* à éclairer.

Supposons que ces relations ont lieu jusqu'à p_{n1}^0, p_{n2}^0 et montrons qu'elles ont lieu pour $p_{n+1,1}^0$, $p_{n+1,2}^0$.

Or, tout terme de $p_{11} - \Phi$ contient l'un des facteurs $|y, z, p, q, r, t|$.

Dérivons n fois en x. D'après la formule de Leibniz, nous avons encore, en facteur, l'un des termes $|y, z, \ldots, t|$, $|p_{30}, \ldots, p_{n+2,0}|$, $|p_{21}, p_{12}, \ldots, p_{n,1}, p_{n,2}|$.

Donc

$$p_{n+1,1}^0 = 0.$$

Écrivons, d'ailleurs,

$$p_{12} = \Psi + \mathrm{R}p_{21} + \mathrm{T}p_{03}.$$

Dérivons n fois en x, d'où

$$p_{n+1,2} = \mathrm{A} + \mathrm{B} + \mathrm{C}.$$

Le terme A, provenant de Ψ, *pareil à* Φ, est *nul* en O.

Écrivons

$$B = \frac{d^n R p_{21}}{dx^n} = R_n p_{21} + R_{n-1} p_{31} + \ldots + R p_{n+2,1}.$$

Comme R est *nul* en O, B est encore *nul* en O.

Enfin T, comme Ψ, *a la même forme que* Φ, donc, si l'on écrit

$$C = \frac{d^n T p_{03}}{dx^n} = T_n p_{03} + T_{n-1} p_{13} + \ldots + T p_{n3},$$

tous les termes T_h, T sont nuls en O.

Donc enfin

$$p^0_{n+1,2} = 0.$$

Ainsi, dans la série

$$z = \sum C_{\alpha\beta} x^\alpha y^\beta,$$

tous les termes contenant y ou y^2 sont *nuls* et l'on a

$$z = C_{03} y^3 + C_{13} x y^3 + C_{04} y^4 + C_{23} x^2 y^3 + \ldots,$$

z est bien tel que, sur l'axe ox, l'on ait

$$z = p = q = r = s = t = 0,$$

ce qui était exigé.

Or, il y a *une infinité* de séries pour z puisque $\psi(y)$ est arbitraire.

Il suffit désormais de montrer qu'ayant pris, dans $\psi(y)$, $(n-2)$ *coefficients arbitraires*, l'on peut prendre les suivants tels qu'il y ait convergence. Cela résultera de ce théorème de M. Goursat :

Soit une équation

$$s = F(x, y, z, p, q, r, t),$$

manquant de termes en r seul et t seul, holomorphe autour du point $x_0, y_0, \ldots, t_0$.

Soient de même φ *et* ψ *deux fonctions holomorphes avec*

$$\varphi(x_0) = z_0, \quad \varphi' = p_0, \quad \varphi'' = r_0,$$
$$\psi(y_0) = z_0, \quad \psi' = q_0, \quad \psi'' = t_0.$$

Il y aura une intégrale holomorphe prenant des valeurs

données sur des parallèles aux axes, soit

$$\begin{cases} z = \varphi(x) & \text{pour} \quad y = y_0, \\ z = \psi(y) & \text{pour} \quad x = x_0. \end{cases}$$

L'on remplace z par $z' + \varphi(x) + \psi(y) - z_0$, x par $x_0 + x'$, y par $y_0 + y'$ et alors les valeurs données deviennent zéro sur les axes ox', oy'. Puis l'on remplace z' par $z'' + axy$, pour faire disparaître la constante, d'où la forme

$$s = a_1 x + a_2 y + a_3 z + a_4 p + a_5 q + \Phi_2,$$

Φ_2 étant du degré *deux*.

Avec la majorante

$$\frac{M}{\left(1 - \frac{x + y + z + p + q}{\rho}\right)\left(1 - \frac{r + t}{R}\right)} - M - M\frac{r + t}{R}$$

et la variable unique $X = x + y$, l'on est ramené à une équation différentielle

$$\frac{d^2 z}{dX^2} - \lambda\left(\frac{d^2 z}{dX^2}\right)^2 = \frac{M}{1 - \frac{X + z + 2\frac{dz}{dX}}{\rho}} - M,$$

telle que toutes les dérivées soient positives en O..., ce qui prouve le théorème de M. Goursat.

3. Théorème de M. Riquier. — Au point de vue qui nous intéresse spécialement, savoir : équations à *coefficients réels* et à *caractéristiques réelles*, nous venons de démontrer un théorème important. Soit

$$(1) \qquad s = \alpha x + \beta y + \gamma z + \alpha_1 p + \beta_1 q + ar + bt + \ldots.$$

Si $a = b = 0$, nous avons obtenu une solution holomorphe, prenant des valeurs données sur Ox, Oy, qui sont les *directions caractéristiques* à l'origine.

On peut aller plus loin. Prenons ces données *nulles*.

Soient a et b non nuls, tels que l'on ait

$$1 - 4ab > 0.$$

Les directions caractéristiques sont donc réelles, à l'origine.

Si l'on a, en outre,

$$1 - 4|ab| > 0.$$

M. Riquier a montré qu'il existe une solution holomorphe [1]. L'on passe aisément au cas de données quelconques.

On connaît le point de départ des travaux de ce savant. Soit un système différentiel résolu par rapport à certaines dérivées. L'on donne à chaque variable indépendante une *cote* égale à *un* et à chaque fonction une cote convenable, de sorte que la cote du deuxième membre ne dépasse pas celle du premier.

Supposons que ce soit possible.

Nous partageons alors les équations en groupes, relatifs à *une* même fonction inconnue. Si les groupes ne contiennent chacun qu'*une* équation, le Mémoire cité résout le problème de l'intégration.

Sinon interviennent de nouvelles conditions (*Comptes rendus*, janvier 1903), et nous croyons savoir que M. Riquier va compléter et simplifier ses résultats dans un nouveau Mémoire. Mais revenons au point de vue de Cauchy, dit *Calcul des limites*, savoir :

1° *Formation* de séries formelles;
2° *Preuve* de la convergence par des majorantes.

M. Goursat est arrivé, récemment, à démontrer par cette voie le théorème de M. Riquier, et nous allons résumer cet important travail.

Dans le même ordre d'idées qu'au Chapitre I, n° 2, nous remplaçons a par $a\lambda$, b par $b\lambda$; nous regardons x, y, λ comme variables, et nous faisons jouer à λ un rôle spécial, en cherchant une intégrale valable, lorsque λ parcourt un champ réel $(\mathfrak{D}')$ (intérieur à un champ $(\mathfrak{D})$), contenant le point $+1$.

Nous écrivons donc la solution cherchée sous deux formes [2]

$$(S_1) \qquad z_0 + \lambda z_1 + \lambda^2 z_2 + \ldots + \lambda^n z_n + \ldots,$$

$$(S_2) \qquad \Sigma C_{\alpha\beta\gamma} x^\alpha y^\beta \lambda^\gamma.$$

z_n est déterminé par une équation

$$\frac{\partial^2 z_n}{\partial x\, \partial y} = \Phi\left(x, y, z_n, \ldots, \frac{\partial^2 z_n}{\partial y^2}\right),$$

où *manquent* les termes en r seul et t seul.

---

(1) *Annales de l'École Normale supérieure*, 1904.

(2) E. Goursat, *Soc. math. de France*, 1906 (Mémoire déjà cité dans le Chapitre I).

Donc, nous sommes certains de l'*existence* de s_n, d'après ce qui précède.

Nous écrivons alors l'équation majorante

$$S = \frac{M}{\left(1 - \dfrac{\dfrac{x}{h} + \dfrac{y}{l}}{\rho}\right)\left(1 - \dfrac{z + p + q}{\rho_1}\right)\left(1 - \dfrac{r + t}{R}\right)} - M - M\frac{r + t}{R} + \lambda(Ar + Bt),$$

$$A = |a|, \qquad B = |b|.$$

l'on sait ce que sont M, ρ, ρ_1, R.

h et l sont deux *paramètres* compris entre 0 et 1.

L'on est ramené à une équation aux deux variables indépendantes λ et $u = \frac{x}{h} + \frac{y}{l}$, qui est majorante certainement si l'on a

$$1 - 4AB > 0.$$

Conclusion. — Soit une équation générale, à caractéristiques réelles,

$$\Phi(x, y, z, p, q, r, s, t) = 0.$$

Soient deux courbes passant par l'origine, non tangentes; transformons ces courbes en axes OX, OY, d'où l'équation

$$\Psi(X, Y, z, p', \ldots, t') = 0,$$

qui s'écrit aussi bien, en remplaçant X, Y par x, y,

$$s = s_0 + \alpha x + \ldots + ar + bt + \ldots.$$

Posons

$$z = s_0 xy + z'.$$

Nous avons une équation (1).

Si donc l'on a

$$1 - 4ab > 0, \qquad 1 - 4AB > 0,$$

l'on peut déterminer une solution holomorphe par la condition de contenir, à l'origine, deux courbes gauches données.

L'on voit ce qui reste à faire et l'évolution suivie à partir du problème de Cauchy.

Nous allons maintenant nous placer à un autre point de vue.

Note. — Signalons seulement (cela résulte de la théorie des caractéristiques) que, par l'emploi des *variables caractéristiques*, on ramène immédiatement les équations

$$a\frac{\partial^2 z}{\partial x^2} + 2b\frac{\partial^2 z}{\partial x\,\partial y} + c\frac{\partial^2 z}{\partial y^2} = f(x, y, z, p, q),$$

a, b, c étant fonctions de x, y, aux *formes canoniques* (¹)

$$\left\{\begin{array}{ll} \dfrac{\partial^2 z}{\partial x^2} + \dfrac{\partial^2 z}{\partial y^2} = f, & \text{type elliptique,} \\ \dfrac{\partial^2 z}{\partial x\,\partial y} = f, & \quad\text{»}\quad \text{hyperbolique,} \\ \dfrac{\partial^2 z}{\partial x^2} = f, & \quad\text{»}\quad \text{parabolique.} \end{array}\right.$$

Ceci est d'autant plus important que, dans le cas de n variables indépendantes, on n'a plus un nombre fini de formes canoniques.

La *Thèse* de M. Émile Cotton (*Ann. de la Fac. de Toulouse*, 1899) le prouve, en rattachant le problème à celui des *invariants* et des *covariants* des ds^2. (*Voir* les Travaux de *Christoffel* et *Sophus Lie* et un second Mémoire de M. Cotton, *Ann. de l'École Normale*, mai 1900).

(¹) CAMILLE JORDAN, *Cours d'Analyse*, t. III, p. 354.

CHAPITRE III.

ÉQUATIONS DU TYPE HYPERBOLIQUE A DEUX VARIABLES INDÉPENDANTES.

Dans ce qui précède les données et la solution étaient *analytiques*, et nous obtenions, par suite, cette solution dans un domaine assez restreint. C'était, suivant l'expression de M. Hadamard, une solution *locale*, mais aussi l'on atteignait les *formes les plus générales* d'équations.

Nous allons maintenant prendre des *formes* d'équations *assez particulières*, assez simples, et inversement étudier leur intégration dans un domaine plus étendu et dans les conditions *générales*, c'est-à-dire que les fonctions employées sont simplement k fois dérivables. L'instrument de recherche sera alors, tout naturellement, non plus la *série de puissances entières*, mais bien, dans la méthode de Riemann, l'*intégrale de contour* et, dans la méthode d'approximations successives de M. Picard, la *série de fonctions continues, uniformément convergente.*

1. Méthode de Riemann. — La méthode de Riemann donne l'intégration de

$$\frac{\partial^2 z}{\partial x\,\partial y} + a\frac{\partial z}{\partial x} + b\frac{\partial z}{\partial y} + cz = 0,$$

étant données, sur une courbe, les valeurs que prennent la solution z et sa dérivée conormale (qui va être définie).

La courbe frontière $\beta\gamma$ n'est rencontrée qu'en *un* point par une parallèle aux axes.

Si par un point A on mène des parallèles AB, AC aux axes, les données sur l'arc BC définissent la valeur de z au point A.

C'est un théorème donné par Riemann dans un cas plus simple, et l'extension est due à M. Darboux (*Théorie des surfaces*, t. II).

Soit Ω le contour ACPBA et (Ω) l'aire qu'il limite, on a ces relations, P et Q, u, v étant des fonctions de x, y, continues et dérivables,

$$(3)\qquad \int\!\!\int_{(\Omega)} u\frac{\partial P}{\partial x}\,dx\,dy = \int_{\Omega} uP\,dy - \int\!\!\int_{(\Omega)} \frac{\partial u}{\partial x}P\,dx\,dy,$$

$$(3')\qquad \int\!\!\int_{(\Omega)} v\frac{\partial Q}{\partial x}\,dx\,dy = -\int_{\Omega} vQ\,dx - \int\!\!\int_{(\Omega)} \frac{\partial v}{\partial y}Q\,dx\,dy,$$

les intégrales le long de Ω étant prises dans le sens qui amène Ox sur Oy par une rotation de $90°$.

Fig. 8.

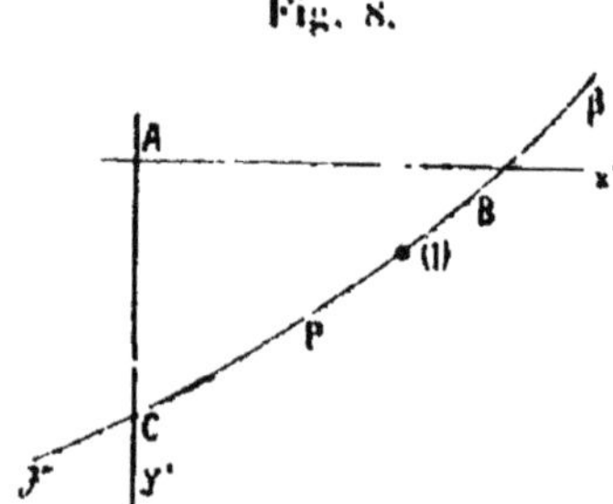

Quand il n'y aura pas d'ambiguïté à craindre, nous représenterons $\frac{\partial^2 z}{\partial x\,\partial y}$ par z'', $\frac{\partial z}{\partial x}$ par z_1 et $\frac{\partial z}{\partial y}$ par z_2.

Cela posé, avec Riemann, ajoutons à l'équation

$$(1)\qquad 0 = F = z'' + a z_1 + b z_2 + c z$$

une adjointe

$$(2)\qquad 0 = G = u'' + A u_1 + B u_2 + C u$$

qui devra être telle que l'on ait

$$(4)\qquad \int\!\!\int_{(\Omega)} (uF - zG)\,dx\,dy = \int_{\Omega} M\,dy + N\,dx.$$

Appliquons les formules (3), (3') et faisons $A = -a$, $B = -b$ pour faire apparaître les combinaisons

$$a u z_1 + a z u_1 = (a u z)_1 - u z a_1,$$
$$b u z_2 + b z u_2 = (b u z)_2 - u z b_2.$$

Le premier membre de (4) prend la forme

$$\int\!\!\int (c - C - a_1 - b_2)\,u z\,dx\,dy$$
$$+ \int_{\Omega} a u z\,dy - b u z\,dx + \int_{\Omega} u z_2\,dy + z u_1\,dx.$$

Nous n'avons qu'à poser

$$c - G - a_1 - b_2 = 0,$$

alors G est déterminé.

Employons l'identité

$$0 = \int_\Omega (uz)_1\, dx + (uz)_2\, dy$$

et la deuxième intégrale curviligne devient

$$\text{(I)} \qquad \frac{1}{2}\int_\Omega u(z_2\, dy - z_1\, dx) + z(u_1\, dx - u_2\, dy).$$

L'on introduit ici la *direction conormale* d'après M. d'Adhémar (*Comptes rendus,* février 1901).

Si les axes tournaient de 45°, l'équation (1) serait de la forme

$$\frac{\partial^2 z}{\partial X^2} - \frac{\partial^2 z}{\partial Y^2} + \alpha\frac{\partial z}{\partial X} + \beta\frac{\partial z}{\partial Y} + \gamma z = 0.$$

Dans ces conditions, n étant la normale à la courbe portant les données, on définit la conormale N comme *symétrique de la normale* par rapport à l'axe des X.

Avec la forme (1) la conormale devient *symétrique de la tangente* par rapport à l'axe des x

$$\text{(5)} \qquad \frac{dx}{dN} = \frac{dx}{ds}, \qquad \frac{dy}{dN} = -\frac{dy}{ds},$$

s étant le contour Ω, ou bien :

$$\text{(6)} \qquad \frac{d}{dN} = \frac{\partial}{\partial x}\frac{dx}{ds} - \frac{\partial}{\partial y}\frac{dy}{ds}.$$

Si z est intégrale de (1) et u de (2), l'équation (4) devient donc

$$\text{(7)} \qquad 0 = \int_\Omega auz\, dy - buz\, dx + \frac{1}{2}\int_\Omega\left(z\frac{du}{dN} - u\frac{dz}{dN}\right) ds.$$

Supposons donc que z et $\frac{dz}{dN}$ sont *donnés* sur BC.

L'expression (I) s'écrit aussi bien

$$\int\left[zu_1 - \frac{1}{2}(uz)_1\right] dx + \int\left[-zu_2 + \frac{1}{2}(uz)_2\right] dy.$$

L'expression (7) comprend trois termes

$$\int_{B}^{C} auz\,dy - buz\,dx - \frac{1}{2}\int_{B}^{C}\left(z\frac{du}{dN} - u\frac{dz}{dN}\right)ds = J_1,$$

$$\int_{A}^{B}(zu_1 - buz)\,dx - \frac{1}{2}[(uz)_B - (uz)_A] = J_2,$$

$$\int_{C}^{A}(auz - zu_2)\,dy + \frac{1}{2}[(uz)_A - (uz)_C] = J_3.$$

Si l'on peut déterminer u, annulant (2) et tel que

$$\frac{\partial u}{\partial x} - bu = 0 \quad \text{sur } \overline{AB}, \quad \text{pour } y = y_0,$$

$$\frac{\partial u}{\partial y} - au = 0 \quad \text{sur } \overline{AC}, \quad \text{pour } x = x_0,$$

on voit que $(uz)_A$ est connu, donc z *est connu au point* $A(x_0, y_0)$ en fonction des valeurs de z et $\frac{dz}{dN}$ sur l'arc BC.

L'emploi de la conormale rend intuitif ce théorème complémentaire :

Si la courbe BC *se compose de deux parallèles aux axes, il suffit de donner sur* BC *la valeur de z, car celle de $\frac{dz}{dN}$ en résulte immédiatement.*

Ainsi le problème de Riemann est ramené à celui-ci : trouver une intégrale $u(x_0, y_0; x, y)$ de l'adjointe (2) connaissant ses valeurs :

$$\begin{cases} e^{\int_{x_0}^{x} b\,dx} & \text{sur } \overline{AB}, \\ e^{\int_{y_0}^{y} a\,dy} & \text{sur } \overline{AC}, \\ u = 1 & \text{au point A.} \end{cases}$$

L'adjointe $u(x_0, y_0; x, y)$ ne saurait, en général, être connue explicitement, en fonction des transcendantes classiques.

2. Fonction de Riemann. — Nous donnerons le moyen, d'après M. Picard, de la calculer sous forme de série de fonctions. La méthode de M. Picard ajoute d'ailleurs un complément fondamental à celle de Riemann. Elles se complètent

l'une l'autre et chacune est susceptible des plus larges extensions.

Admettons donc, pour l'instant, qu'il existe une fonction de Riemann. Nous avons (*voir* G. DARBOUX) :

$$z_A = \frac{(uz)_B + (uz)_C}{2} - J_1,$$

$$J_1 = \int_B^C auz\,dy - buz\,dx + \frac{1}{2}\int_B^C \left(z\frac{du}{dN} - u\frac{dz}{dN}\right) ds.$$

Supposons que le contour BC se compose de deux parallèles aux axes BD et DC.

Faisons sur ces droites les mêmes intégrations que sur AB et CA, il vient

$$J_1 = \frac{(uz)_C - (uz)_D}{2} + \int_D^C - u\left(bz + \frac{\partial z}{\partial x}\right) dx$$
$$- \frac{(uz)_D - (uz)_C}{2} + \int_B^D u\left(az + \frac{\partial z}{\partial y}\right) dy,$$

$$z_A = (uz)_D + \int_B^D - u\left(az + \frac{\partial z}{\partial y}\right) dy - \int_D^C u\left(bz + \frac{\partial z}{\partial x}\right) dx.$$

Si maintenant nous posions

$$\begin{cases} bz + \dfrac{\partial z}{\partial x} = 0 & \text{sur } \overline{DC}, \\ az + \dfrac{\partial z}{\partial y} = 0 & \text{sur } \overline{BD}, \\ z = 1 & \text{au point } D(x_1, y_1), \end{cases}$$

ce qui reviendrait à regarder z comme l'adjointe de u (au lieu de u comme adjointe de z), nous aurions

$$z_A = u_D;$$

ou, pour préciser,

$$z(x_1, y_1;\ x_0, y_0) = u(x_0, y_0;\ x_1, y_1).$$

Donc nous pouvons échanger u et z à condition d'échanger les rôles de x, y et x_0, y_0, en regardant x, y comme *paramètres* et x_0, y_0 comme *variables*.

$$\begin{cases} u(x_0, y_0;\ x, y) \text{ est solution de l'adjointe ;} \\ u(x, y;\ x_0, y_0) \text{ est solution de la primitive équation.} \end{cases}$$

La *fonction de Riemann*, sous ce rapport, est analogue à la *fonction de Green*, (Problème de Dirichlet).

3. Méthode de M. E. Picard. — La détermination de l'adjointe pose donc le problème de trouver l'intégrale d'une

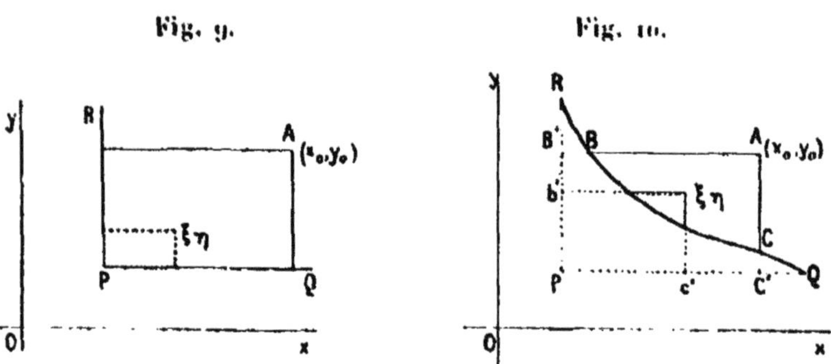

Fig. 9. Fig. 10.

équation linéaire hyperbolique étant données ses valeurs sur des parallèles aux axes $\overline{PQ}$, $\overline{PR}$. Nous commencerons par le cas simple de l'équation

$$\frac{\partial^2 z}{\partial x\, \partial y} = \alpha z + f(x, y) \qquad (\alpha = \text{const.}),$$

pour montrer l'élégance des approximations de M. Picard.

Représentons par z'' la dérivée seconde et considérons une série de fonctions z_0, z_1, z_2, ... définies par la chaîne d'équations

$$\left.\begin{aligned} z''_0 &= f(x, y) \\ z''_1 &= \alpha z_0 \\ z''_2 &= \alpha z_1 \\ z''_3 &= \alpha z_2 \\ &\dots\dots\dots \end{aligned}\right\} \quad \text{toutes ces fonctions étant nulles sur } \overline{PQ} \text{ et } \overline{QR}.$$

Représentons par ρ_0 l'aire du rectangle de sommet A s'appuyant sur $\overline{RPQ}$, par ρ_i l'aire du rectangle de sommet (ξ, η)

s'appuyant sur RPQ. Il est immédiat que l'on a

$$z_0(x_0, y_0) = \int\!\!\int_{\rho_0} f(x, y)\,dx\,dy; \qquad z_0(\xi, \eta) = \int\!\!\int_{\rho_1} f(x, y)\,dx\,dy,$$

$$z_1(x_0, y_0) = \int\!\!\int_{\rho_0} \alpha z_0\,dx\,dy; \qquad z_1(\xi, \eta) = \int\!\!\int_{\rho_1} \alpha z_0\,dx\,dy,$$

$$\ldots\ldots\ldots\ldots\ldots\ldots\ldots\ldots; \qquad \ldots\ldots\ldots\ldots\ldots\ldots\ldots\ldots$$

$f(x, y)$ étant fini et continu, quel que soit (ξ, η) dans ρ_0 l'on a, N étant un nombre assignable :

$$|z_0(\xi, \eta)| < N;$$

d'où

$$|z_1(x_0, y_0)| < \alpha N \left| \int\!\!\int_{\rho_0} dx\,dy \right| < \alpha N x_0 y_0,$$

de même

$$|z_1(\xi, \eta)| < \alpha N \xi \eta,$$

d'où

$$|z_2(x_0, y_0)| < \alpha^2 N \int\!\!\int_{\rho_0} xy\,dx\,dy < \alpha^2 N \frac{x_0^2}{2}\,\frac{y_0^2}{2}, \qquad \ldots\ldots$$

$$|z_n(x_0, y_0)| < \alpha^n N \frac{x_0^n}{n!}\,\frac{y_0^n}{n!}.$$

La série $\sum z_n(x_0, y_0)$ converge donc absolument et uniformément, quelque grands que soient les segments fixes $\overline{PQ}$, $\overline{PR}$.

Il en est de même de la série

$$\sum \frac{\partial^2 z_n}{\partial x_0\,\partial y_0},$$

puisque

$$\frac{\partial^2 z_n}{\partial x_0\,\partial y_0} = \alpha z_{n-1}(x_0, y_0).$$

Donc l'on peut écrire

$$\frac{\partial^2}{\partial x_0\,\partial y_0}\sum z_n = \alpha \sum z_{n-1} + f(x, y).$$

Donc $\sum z_n = z$ intégrale cherchée, nulle sur $\overline{RPQ}$.

Si l'on donnait la valeur de z sur $\overline{PQ} = F(x)$ et sur

$\overline{PR} = G(y)$, l'intégrale cherchée serait

$$\sum z_n + F(x) + G(y) - \zeta,$$
$$\zeta = F(P) = G(P).$$

Supposons maintenant que pour la même équation l'on donne z et $\frac{dz}{dN}$ sur un arc de courbe RBCQ coupé toujours en *un* seul point par une parallèle aux axes.

Appelons X_1 l'abscisse du point fixe R extrémité de l'arc donné et Y_1 l'ordonnée du point fixe Q.

Soit $\varphi(x)$ la valeur connue de $\frac{dz}{dx}$ au point (x, y) de la courbe RQ et $\psi(y)$ la valeur connue de $\frac{dz}{dy}$ au même point.

Posons

$$F(x) = \int_{X_1}^{x} \varphi(x)\,dx \qquad \text{quel que soit } x.$$

$$G(y) = \int_{Y_1}^{y} \psi(y)\,dy \qquad \text{quel que soit } y.$$

La fonction $F(x) + G(y)$ est une première partie de la solution. C'est une fonction qui, ainsi que ses premières dérivées, prend les valeurs données sur RQ. Nous avons alors à trouver une fonction *nulle* sur RQ. Il suffit, pour cela, d'écrire le même système d'équations, en faisant les *quadratures*, non plus dans les rectangles ρ_i, mais dans les triangles correspondants, formés par RQ et les parallèles aux axes issues de (ξ, η).

Pour prouver la *convergence absolue et uniforme* de la *série de fonctions* obtenue, il suffit de majorer de la manière suivante :

On remplace la fonction par une limite supérieure de son module et l'on augmente l'aire de quadrature en remplaçant le triangle de sommet (ξ, η) par le rectangle ρ_i de même sommet.

L'on passe maintenant au cas général très aisément, comme le fait M. Picard. Soit

$$s = a\frac{dz}{dx} + b\frac{dz}{dy} + cz + f,$$

$a, b, \ldots, f$ sont des fonctions *continues* de x, y, donc *finies*. L'on peut supposer f *nul*.

Comme précédemment, l'on forme la fonction

$$\zeta(x, y) = F(x) + G(y)$$

qui sera z_0.

Puis l'on écrit la chaîne d'équations

$$\left.\begin{aligned} z_0'' &= 0 \\ z_1'' &= a\frac{\partial z_0}{\partial x} + b\frac{\partial z_0}{\partial y} + c z_0 \\ z_2'' &= a\frac{\partial z_1}{\partial x} + b\frac{\partial z_1}{\partial y} + c z_1 \\ &\dots\dots\dots\dots \end{aligned}\right\} \text{ toutes ces fonctions étant } \textit{nulles} \text{ sur la frontière donnée.}$$

Il faudrait, en détail, prouver la convergence *uniforme* des séries

$$\sum z_n, \quad \sum \frac{\partial z_{n-1}}{\partial x}, \quad \sum \frac{\partial z_{n-1}}{\partial y},$$

d'où il résulterait que $z = \sum z_n$ est l'intégrale. M. Picard évite de longs calculs par une transformation simple.

Il existe deux nombres assignables K et M tels que, dans tout le champ d'intégration défini par le *rectangle construit sur* RQ, l'on ait

$$|a| < K, \qquad |b| < K, \qquad |c| < K,$$
$$\left| a\frac{\partial z_0}{\partial x} + b\frac{\partial z_0}{\partial y} + c z_0 \right| < M.$$

Écrivons la chaîne d'équations

$$\left.\begin{aligned} u_1'' &= M \\ u_2'' &= K\left(\frac{\partial u_1}{\partial x} + \frac{\partial u_1}{\partial y} + u_1\right) \\ u_3'' &= K\left(\frac{\partial u_2}{\partial x} + \frac{\partial u_2}{\partial y} + u_2\right) \\ &\dots\dots\dots\dots \end{aligned}\right\} \text{ tous les } u_n \text{ devant être } \textit{nuls} \text{ sur la frontière.}$$

Si les séries $\sum u_n$, $\sum \frac{\partial u_n}{\partial x}$, $\sum \frac{\partial u_n}{\partial y}$ convergent, *a fortiori*, les mêmes séries en z convergeront.

M. Picard introduit ici une fonction entière de K. Les fonctions d'un paramètre se rencontrent aussi dans les problèmes de Dirichlet.

Soit

$$u_n = K^{n-1} U_n,$$

la série

$$U_1 + K U_2 + K^2 U_3 + \ldots,$$

si elle converge, est l'intégrale de

$$\frac{\partial^2 U}{\partial x \partial y} - K\left(\frac{\partial U}{\partial x} + \frac{\partial U}{\partial y} + U\right) = M,$$

laquelle devient, en posant $U = e^{K(x+y)}V$,

$$\frac{\partial^2 V}{\partial x \partial y} = (K^2 + K)V + M e^{-K(x+y)}.$$

Nous sommes ramenés au premier cas. L'intégrale V est une fonction entière de K.

Donc la série converge, donc $\sum u_n$ et $\sum \frac{\partial u_n}{\partial x}$, $\sum \frac{\partial u_n}{\partial y}$ convergent absolument et uniformément, quelque grand que soit le rectangle donné de diagonale RQ.

On obtient l'intégrale en tout point de ce rectangle.

Il faudrait parler des équations différentielles ordinaires, des équations du type elliptique, des équations fonctionnelles, pour montrer tout le parti que M. Picard a tiré de sa méthode.

En restant dans notre domaine, signalons deux extensions très importantes de ce qui précède.

4. Extension de la méthode. — 1° *Équation non linéaire*. — Soit $F(x, y, z, u, v)$ une fonction *continue* et satisfaisant à la condition de *Cauchy-Lipschitz*, savoir :

$$|F(x, y, z', u', v') - F(x, y, z, u, v)| < K_1|z' - z| + K_2|u' - u| + K_3|v' - v|,$$

les K étant des constantes positives.

Les données étant les mêmes que précédemment, M. Picard obtient aisément un rectangle de convergence pour les approximations :

$$z''_1 = F\left(x, y, z_0, \frac{\partial z_0}{\partial x}, \frac{\partial z_0}{\partial y}\right),$$

$$z''_2 = F\left(x, y, z_1, \frac{\partial z_1}{\partial x}, \frac{\partial z_1}{\partial y}\right),$$

$$\ldots\ldots\ldots\ldots\ldots\ldots\ldots\ldots,$$

d'où l'intégration, dans ce rectangle, de

$$\frac{\partial^2 z}{\partial x \partial y} = F\left(x, y, z, \frac{\partial z}{\partial x}, \frac{\partial z}{\partial y}\right).$$

M. Bianchi a aussitôt fait usage de cette méthode pour l'équation célèbre (¹)

$$\frac{\partial^2 z}{\partial x \partial y} = \sin z.$$

2° *Nouvelles conditions aux limites.* — Voici une deuxième extension aussi importante.

Fig. 11.

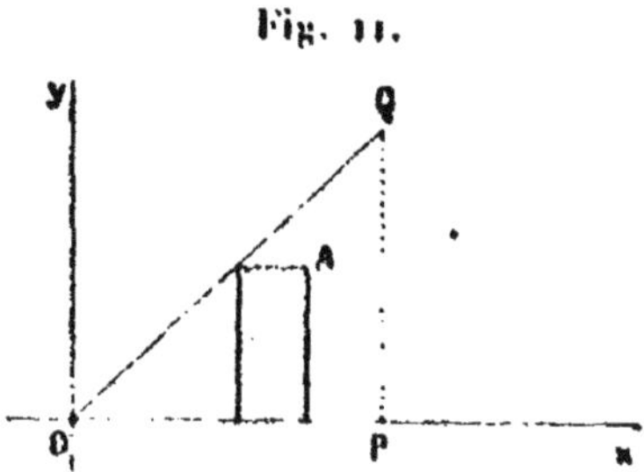

M. Picard se donne les valeurs de z sur $\overline{OP}$, portion de *l'axe des x*, et sur $\overline{OQ}$, portion de la *première bissectrice*. Soit A un point (x_0, y_0), l'aire d'intégration ρ_0 étant ombrée,

$$\int\int_{\rho_0} f(x, y)\, dx\, dy = \int_0^{y_0} dy \int_{y_0}^{x_0} f(x, y)\, dx = u(x_0, y_0),$$

u est *nul* sur $\overline{OP}$, $\overline{OQ}$, et l'on a

$$\frac{\partial^2 u}{\partial x_0 \partial y_0} = f(x_0, y_0),$$

d'où la chaîne d'approximations... que l'équation donnée soit, ou non, linéaire.

5. Synthèse de la solution. — Considérons notre équation linéaire, intégrée, soit par la *méthode de Riemann*, soit par les *approximations de M. Picard*.

Nous sommes, maintenant, en mesure de faire la *synthèse* de la solution obtenue par Riemann.

En effet, la théorie de M. Picard montre qu'il existe *au moins une* adjointe *$u(x_0, y_0; x, y)$ continue*. Mettons cette fonction continue dans la formule de Riemann qui nous donne *la solution $z(x_0, y_0)$ si elle existe*.

(¹) L. Bianchi, *Leçons de Géométrie*. — E. Picard, *Journal de M. Jordan*, 1890, 1893, et *Note* insérée dans la *Théorie des surfaces*, de M. G. Darboux, t. IV.

Soit *une deuxième solution* $\zeta(x_0, y_0)$ définie par *les mêmes données* sur la courbe. Nous voyons que

$$z(x_0, y_0) = \zeta(x_0, y_0).$$

Il y a donc *unicité* de solution.

En second lieu, $u(x, y)$ étant *continu* ainsi que $z(x_0, y_0)$, si le point A (x_0, y_0) tend vers le point (1) sur la courbe frontière, $z(x_0, y_0)$ tend vers la valeur donnée en (1)

La solution est donc valable.

6. Nouveaux problèmes. Prolongement de la solution. — Une question se pose maintenant, celle du *prolongement* de la solution. Il ne s'agit aucunement de *prolongement analytique*, mais d'un prolongement moins restrictif.

Voici deux remarques de M. Picard [1].

Cas A. — L'on donne z et une de ses dérivées sur l'arc N′MN.

Fig. 12.

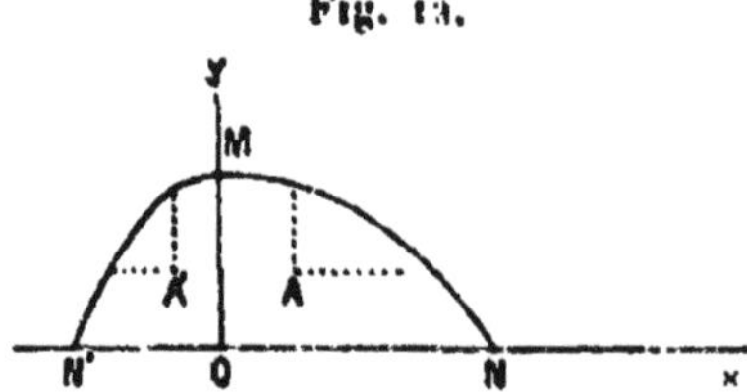

En tout point A, à droite de OM, l'on peut calculer z d'après les données *de droite;* en tout point A′, à gauche, on peut calculer z d'après les données *de gauche.*

Il n'y a aucune raison pour que, A et A′ venant sur OM, *les solutions se raccordent.*

Cas B. — L'on donne z seul sur $\overline{OR}$ et $\overline{Q'Q}$, d'où z en A, *au-dessus* de Ox et en A′, *au-dessous* de Ox. Ici il y a *raccord* sur $\overline{OR}$, car, sur $\overline{OR}$, l'on connaît

$$z = f(x), \qquad \frac{\partial z}{\partial x} = f'(x).$$

Posons $\frac{\partial z}{\partial y} = q$. L'on a, sur $\overline{OR}$,

$$\frac{dq}{dx} = bq + af + cf.$$

[1] *Bull. des Sciences math.*, 1899.

D'où $q(x)$ sans ambiguïté puisque l'on connaît q en O. Donc z, p, q ont mêmes valeurs sur $\overline{OR}$. Il y a *raccord.*

Fig. 13.

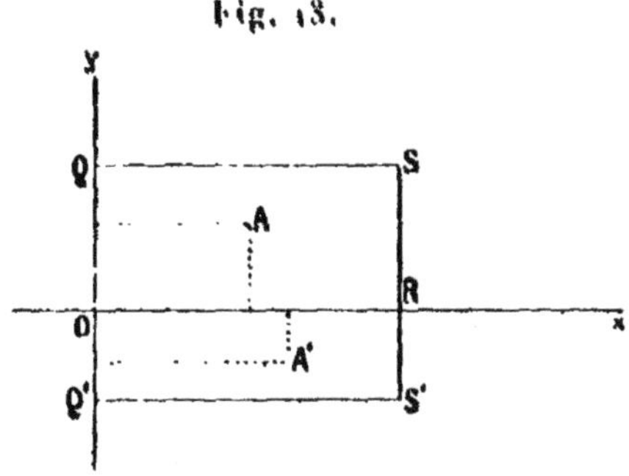

7. Travaux de MM. Goursat et Hadamard. — Tout ceci peut être poursuivi si l'on remarque, avec MM. Hadamard et Goursat, qu'une large et simple extension du problème de M. Picard est possible.

Fig. 14.

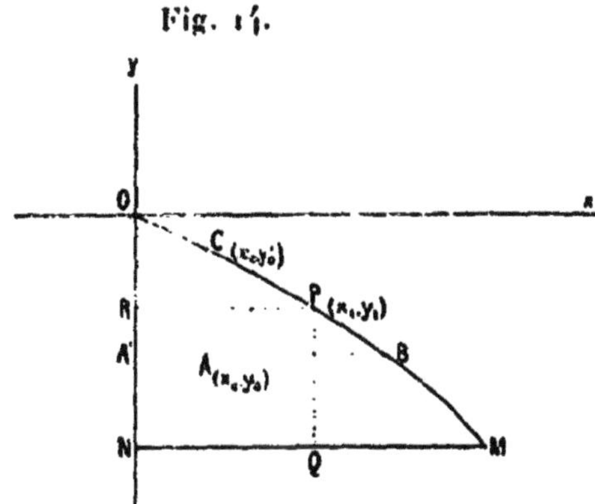

L'on peut remplacer les données de M. Picard : *valeur de z sur Ox et sur la première bissectrice,* par celles-ci : *valeur de z* sur Ox et une *courbe* passant par O, située dans le premier quadrant.

Dans ces conditions on peut se donner : sur *un arc* M'O, z et $\dfrac{dz}{dN}$, et sur *un arc* OM, *z seul.*

En effet, les données *de gauche* déterminent z d'une manière unique et continue sur $\overline{ON}$, et alors nous connaissons, *à droite,* la valeur de z sur ON et OM.

Montrons, d'après M. Hadamard, qu'en un point $A(x_0, y_0)$ l'on a une *solution unique.*

z est *nul* sur ON et sur OPM. Il est nul en tout

point $A(x_0, y_0)$. Mettons l'*indice* 1 aux variables sur l'arc OPM. La formule de Riemann ne saurait ici donner la solution, mais la solution vérifie la formule, donc

$$z_A = -\int_B^C \frac{1}{2} u \left(\frac{\partial z_1}{\partial y_1} dy_1 - \frac{\partial z_1}{\partial x_1} dx_1 \right) - \int_{y_0}^{Y} u_1 \varphi_1 \, dy_1 ;$$

ici

$$u = u(x_0, y_0 ; x_1, y_1),$$

$$0 = z_A = -\int_{y_0}^{Y} U \varphi_1 \, dy_1 = + \int_0^{y_0} U \varphi_1 \, dy_1,$$

$$U = u(0, y_0 ; x_1, y_1).$$

Soit une fonction arbitraire $\psi(y_0)$ et soit Y l'ordonnée du point extrême N ; l'on a encore

$$0 = \int_0^Y \psi(y_0) \, dy_0 \int_0^{y_0} U \varphi_1 \, dy_1,$$

ce qui s'écrit

$$0 = \int_0^Y \varphi_1 \, dy_1 \int_{y_1}^Y \psi U \, dy_0.$$

Considérons maintenant l'adjointe $U = u(0, y_0 ; x_1, y_1)$. Il existe *au moins une* solution de l'*équation adjointe*, soit V, qui *s'annule* sur NM et prend sur OCBM la valeur *arbitraire* $F(y_1)$. De sorte que l'on a l'équation

$$F(y_1) = -\int_B^N U \left(\frac{\partial V}{\partial y_0} - aV \right) dy_0 = -\int_{y_1}^Y$$

[d'après le n° **2** a devenant $-a$ dans l'équation adjointe, avec $U = z(x_1, y_1 ; 0, y_0)$ adjointe de l'adjointe]. Faisons donc

$$\psi(y_0) = -\left(\frac{\partial V}{\partial y_0} - aV \right),$$

il en résulte que l'intégrale

$$\int_{y_1}^Y \psi U \, dy_0$$

a la valeur *arbitraire* $F(y_1)$.

Or

$$0 = \int_0^Y F \varphi_1 \, dy_1,$$

donc φ_1^0 est *nul*, donc z_A est *nul*.

Telle est la belle démonstration de M. Hadamard (*Soc. math. de France*, 1900). Plus tard (*Soc. math.*, 1903),

Fig. 15.

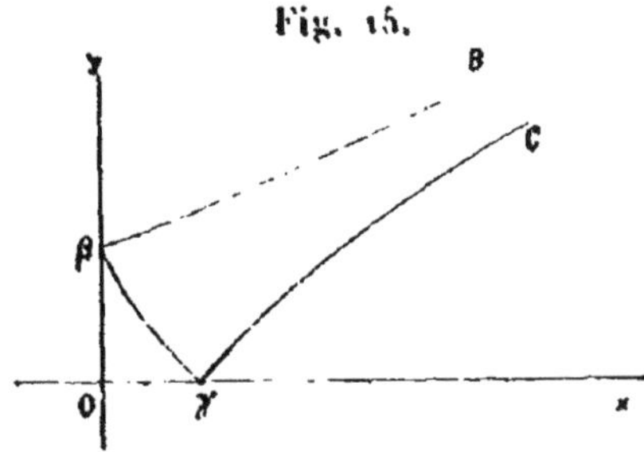

M. Hadamard a étendu à ce cas la solution de Riemann, par la *fonction de Riemann-Hadamard*, identique à celle de Riemann dans une région, et prolongée avec une *discontinuité convenable* au delà. Il n'y a aucune difficulté à cela. (*Voir* aussi M. Brillouin, *Comptes rendus*, mars 1903).

Enfin, M. Hadamard a traité le problème suivant (*Soc. math.*, 1904):

z et $\frac{dz}{dN}$ sont donnés sur $\beta\gamma$.

z *seul* est donné sur γC et βB.

De son côté M. Goursat faisait une étude approfondie des équations

$$Ar + 2Bs + Ct = f(x, y, z, p, q);$$

A, B, C dépendant de x, y seulement et en supposant les courbes données *réelles*. Ce sont les équations hyperboliques dont nous dirons un mot :

$$s = f(x, y, z, p, q).$$

Il est à remarquer que, si le *calcul fonctionnel* commence à jouer un rôle immense pour les problèmes de Dirichlet, depuis les mémorables travaux de M. Fredholm, ici, des problèmes *fonctionnels* ont été la base des recherches de M. Goursat. En résolvant des questions telles que celle-ci :

$\pi(x)$ et $\omega(x)$ étant définis, trouver une fonction φ telle que l'on ait

$$\varphi[\omega(x)] - \varphi(x) = \pi(x).$$

M. Goursat parvient à intégrer l'équation par approximations successives, en avançant progressivement ainsi :

M. Picard se donnait z sur deux segments de l'axe Ox et de la première bissectrice. M. Goursat se donne z sur deux courbes :

1° $y = x$ et $y = \alpha x$ $(\alpha > 1)$;

2° $y = mx$; $y = m_1 x$ $(m > 0, m_1 > 0)$;

3° $y = x$; $y = \omega(x)$ courbe située dans le premier quadrant;

Fig. 16.

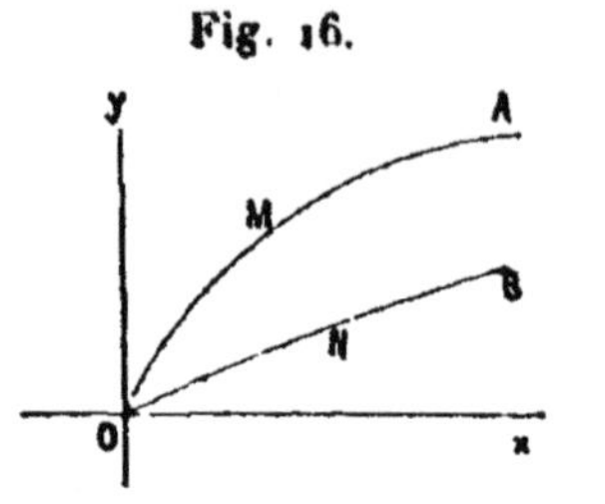

Fig. 17.

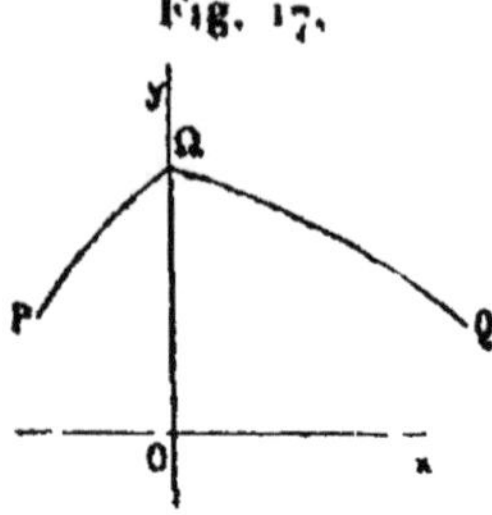

Fig. 18.

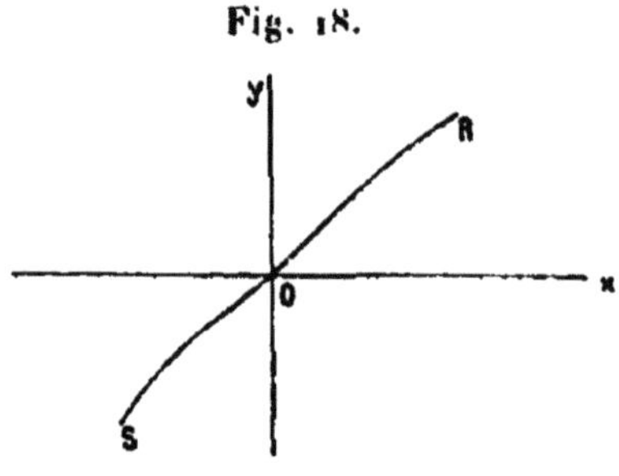

4° $y = \omega(x)$ courbe ONB et $y = \omega_1(x)$ courbe OMA (*fig.* 16).

Si les courbes étaient ΩQ, ΩP, nous aurions le *problème mixte* dont nous avons parlé (*fig.* 17).

Si les courbes étaient OR, OS, nous aurions le *problème de Cauchy* dans le premier et dans le troisième quadrant, sauf à avoir le raccord en O (*fig.* 18).

Les courbes ONB, OMA, sur lesquelles l'on donne z *seul*, doivent donc être dans un même quadrant.

Il faut remarquer que ces résultats s'étendent, en partie, aux équations du *type elliptique*. On peut se poser, à leur sujet, ou bien le *problème de Dirichlet :* donnée sur un contour fermé; ou bien les problèmes étudiés ici (*voir* E. Goursat, *Annales de la Fac. de Toulouse,* 2e série, t. V et VI).

DEUXIÈME PARTIE.

LES ÉQUATIONS GÉNÉRALES A n VARIABLES INDÉPENDANTES.

La théorie générale des caractéristiques est actuellement assez avancée. Nous en donnerons une idée.

Nous nous attacherons ensuite à l'étude de l'équation

$$(1) \qquad \frac{\partial^2 u}{\partial x^2} + \frac{\partial^2 u}{\partial y^2} - \frac{\partial^2 u}{\partial z^2} = f,$$

f étant fonction de x, y, z, u, $\frac{\partial u}{\partial x}$, $\frac{\partial u}{\partial y}$, $\frac{\partial u}{\partial z}$.

Si f était identiquement nul, nous aurions là une des équations les plus importantes de la Physique. A cause de cela, nous appelons (1) *équation des ondes généralisée*.

Nous verrons que ses caractéristiques sont réelles.

L'intégration des *équations hyperboliques* à 4 variables, du type (1) a été très avancée par Poisson et Kirchhoff.

M. Volterra a renouvelé la question par son Mémoire (¹), en 1894, qui a provoqué un grand nombre de recherches.

Le problème est présentement en pleine évolution. La théorie générale des équations hyperboliques *linéaires* se dessine déjà cependant avec une certaine netteté.

(¹) *Acta mathematica*, t. XVIII.

CHAPITRE I.

ESQUISSE D'UNE THÉORIE GÉNÉRALE DES CARACTÉRISTIQUES.

La théorie est toute récente. Citons les noms de :

Bäcklund (*Mathematische Annalen*, t. XIII).
J. Beudon (*Soc. math. de France*, 1895).
J. Hadamard (*Leçons sur les ondes*, 1903).
J. Coulon (*Thèse*, Paris, 1902).

Nous suivrons l'exposition de MM. Hadamard et Beudon.

1. Équations linéaires. — Prenons, pour simplifier l'exposition, trois variables indépendantes, x_1, x_2, x_3.
Soit l'équation

$$F = \sum_{ik} a_{ik} p_{ik} + f = 0, \tag{1}$$

$$p_i = \frac{\partial z}{\partial x_i}, \qquad p_{ik} = \frac{\partial^2 z}{\partial x_i \partial x_k} = p_{ki},$$

$$p_{ikh} = \frac{\partial^3 z}{\partial x_i \partial x_k \partial x_h}, \qquad \dots.$$

Les données sont portées par la surface frontière S

$$x_3 = \varphi(x_1, x_2),$$

et l'on écrit

$$\frac{\partial \varphi}{\partial x_1} = P_1, \qquad \frac{\partial \varphi}{\partial x_2} = P_2, \qquad \frac{\partial^2 \varphi}{\partial x_1 \partial x_2} = P_{12}, \qquad \dots.$$

On donne, sur S, les valeurs de z :
sur S, $z(x_1, x_2, x_3)$ devient $\bar{z}(x_1, x_2)$, *fonction connue des deux variables* x_1, x_2.

Chaque fois qu'il sera nécessaire de spécifier nettement qu'une fonction de trois variables se réduit, *sur une surface, à une nouvelle fonction de deux variables*, nous l'indiquerons par ce trait : $\bar{z}$.

Dans (1) f ne contient que des dérivées de z d'ordre 1, au plus.

p_i dépend de trois variables. Cherchons sa valeur $\overline{p_i}$ sur S.

Nous n'avons qu'à écrire

$$\text{(I)} \qquad \frac{\partial \bar{z}}{\partial x_i} = \text{fonction connue} = \overline{p_i} + P_i \overline{p_3} \qquad (i = 1, 2).$$

Donc si, sur S, outre $\bar{z}$, on donne $\overline{p_3}$, on connaîtra $\overline{p_1}$ et $\overline{p_2}$, valeurs sur S de p_1 et p_2.

Donnant donc $\bar{z}$, $\overline{p_3}$, on connaît, sur S, toutes les dérivées premières, en général.

Montrons que l'on connaîtra toutes les dérivées de tout ordre

$$\text{(II)} \qquad \left\{ \begin{aligned} \frac{\partial \overline{p_k}}{\partial x_i} &= \text{fonction connue} = \overline{p_{ki}} + P_i \overline{p_{k3}} \\ \frac{\partial \overline{p_3}}{\partial x_i} &= \overline{p_{3i}} + P_i \overline{p_{33}} \end{aligned} \right. \qquad \begin{aligned} (i &= 1, 2), \\ (k &= 1, 2, 3), \end{aligned}$$

d'où

$$\overline{p_{ik}} = \frac{\partial \overline{p_i}}{\partial x_k} - P_k \frac{\partial \overline{p_3}}{\partial x_i} + P_i P_k \overline{p_{33}}.$$

Il suffira de connaître $\overline{p_{33}}$. Or l'équation (1) donne alors

$$\text{(2)} \qquad H \overline{p_{33}} + K = 0,$$

ayant posé

$$H = \sum{}' a_{ik} P_i P_k - \sum{}' a_{i3} P_i + a_{33},$$

$$K = \sum{}' a_{ik} \left(\frac{\partial \overline{p_i}}{\partial x_k} + P_k \frac{\partial \overline{p_3}}{\partial x_i} \right) + \sum{}' a_{i3} \frac{\partial \overline{p_3}}{\partial x_i} + f,$$

$\sum{}'$ indiquant que i et k prennent seulement les valeurs 1, 2.

En général, on a $H \neq 0$, $\overline{p_{33}}$ est connu; donc toutes les dérivées secondes sont connues.

Pareillement, on a

$$\text{(III)} \qquad \left\{ \begin{aligned} \frac{\partial \overline{p_{kh}}}{\partial x_i} &= \text{fonction connue} = \overline{p_{khi}} + P_i \overline{p_{kh3}}, \\ \frac{\partial \overline{p_{33}}}{\partial x_i} &= \overline{p_{33i}} + P_i \overline{p_{333}}. \end{aligned} \right.$$

d'où la valeur de $\overline{p_{ik3}}$ et puis celle de $\overline{p_{ikh}}$ en fonction de $\overline{p_{333}}$.

Alors l'équation (1) donne

$$H\overline{p_{333}} + K_1 = 0. \tag{3}$$

On voit exactement de même que toutes les dérivées d'ordre α sont connues en fonction de

$$\overline{p_{33\ldots3}} \quad (\alpha \text{ fois}),$$

et que celle-ci est *connue sans ambiguïté* si $H \neq 0$.

D'où la série formelle. Puis on établit la convergence, et l'on a le *théorème* de Cauchy et Mme de Kowaleska.

Il y a exception au théorème si la surface S est une solution de $H = 0$.

Nous appelons, avec M. Beudon, *caractéristiques* les *surfaces* intégrales de

$$0 = \sum{}' a_{ik} P_i P_k - \sum{}' a_{i3} P_i + a_{33}. \tag{2'}$$

Supposons les *a dépendant seulement des x, non de z*. Pour intégrer cette équation, on cherche les *courbes caractéristiques* de $H = 0$, nommées par M. Hadamard *bicaractéristiques* de (1).

Soit

$$\frac{\partial H}{\partial P_i} = H_i, \qquad \frac{\partial H}{\partial x_i} = \xi_i.$$

Ces bicaractéristiques sont données par

$$\frac{dx_1}{H_1} = \frac{dx_2}{H_2} = \frac{dx_3}{H_1 P_1 - H_2 P_2} = \frac{-dP_1}{\xi_1 + P_1\xi_3} = \frac{-dP_2}{\xi_2 + P_2\xi_3}.$$

Sur une surface caractéristique, on se donnera $\bar{z}$, mais non pas $\overline{p_3}$ totalement arbitraire, car, H étant *nul*, $\overline{p_3}$ devra être une intégrale de $K = 0$.

Transformons K, en dérivant la relation

$$\frac{\partial \bar{z}}{\partial x_i} = \overline{p_i} + P_i \overline{p_3} \qquad (k = 1, 2), \quad (i = 1, 2),$$

d'où

$$\frac{\partial^2 \bar{z}}{\partial x_i \partial x_k} = \frac{\partial \overline{p_i}}{\partial x_k} + P_i \frac{\partial \overline{p_3}}{\partial x_k} + \overline{p_3} \frac{\partial P_i}{\partial x_k},$$

$$K = \sum{}' a_{ik} \left(\frac{\partial^2 \bar{z}}{\partial x_i \partial x_k} - P_i \frac{\partial \overline{p_3}}{\partial x_k} - P_k \frac{\partial \overline{p_3}}{\partial x_i} - \overline{p_3} P_{ik} \right)$$
$$+ \sum{}' a_{i3} \frac{\partial \overline{p_3}}{\partial x_i} + f = 0.$$

C'est une équation aux dérivées partielles, linéaire, définissant $\overline{p_3}$ en fonction de x_1 et x_2.

On l'écrit

$$H'_1 \frac{\partial \overline{p_3}}{\partial x_1} + H'_2 \frac{\partial \overline{p_3}}{\partial x_2} + \sum{}' a_{ik} \left(\frac{\partial^2 \bar{z}}{\partial x_i \partial x_k} - \overline{p_3} P_{ik} \right) + f = L.$$

Les courbes caractéristiques sont données par

$$\frac{dx_1}{H'_1} = \frac{dx_2}{H'_2} = \frac{d\overline{p_3}}{L}.$$

Or

$$H_1 = 2a_{11} P_1 + 2a_{12} P_2 - a_{13} = H'_1,$$
$$H_2 = 2a_{12} P_1 + 2a_{22} P_2 - a_{23} = H'_2,$$
$$(a_{ik} = a_{ki} \quad \text{puisque} \quad p_{ik} = p_{ki}).$$

Les courbes caractéristiques de $H = 0$ et $K = 0$ sont donc définies par des équations différentielles dont *la première* est *la même*.

Cette remarque de M. Hadamard est essentielle.

Ainsi donc, S devenant une *surface caractéristique*, on peut se donner arbitrairement $\bar{z}$ et l'on ne peut se donner $\overline{p_3}$ qu'en *un point sur chaque bicaractéristique*.

Il en sera de même pour $\overline{p_{33}}, \overline{p_{33\ldots 3}}$, car on a, pour ces dérivées, les équations toutes semblables

$$\frac{dx_1}{H_1} = \frac{dx_2}{H_2} = \frac{d\overline{p_3}}{L},$$
$$\frac{dx_1}{H_1} = \frac{dx_2}{H_2} = \frac{d\overline{p_{33}}}{L_1},$$
$$\cdots\cdots\cdots\cdots\cdots\cdots$$

M. Hadamard a, d'ailleurs, étendu la théorie aux *systèmes d'équations* avec autant d'inconnues z que de variables x.

Il est impossible, ici, de ramener un système à une équation.

Il est possible, au contraire, d'étendre la théorie de Beudon-Hadamard aux équations *non linéaires*, grâce à une dérivation.

Montrons-le brièvement et indiquons, d'après MM. Beudon et Hadamard, qu'en général, lorsque la surface des données est caractéristique, il existe *une infinité de solutions* pour le problème de Cauchy.

Bien entendu, si la surface des données n'est pas caractéristique, on montre facilement qu'il existe une solution analytique unique, conformément au théorème de Cauchy-Kowaleska.

2. Équations générales. — L'équation est d'ordre k, non linéaire. Par une dérivation, on a une équation d'ordre $k+1$, linéaire par rapport aux dérivées d'ordre supérieur.

Soit

$$(1)\qquad F(p_{ik}, p_i, z, x_i) = 0;$$

dérivons en x_n, d'où

$$(2)\qquad \sum\sum \alpha_{ik} p_{ikn} + \sum \beta_i p_{in} + \frac{\partial F}{\partial z} p_n + \frac{\partial F}{\partial x_n} = 0,$$

$$\alpha_{ik} = \frac{\partial F}{\partial p_{ik}}, \qquad \beta_i = \frac{\partial F}{\partial p_i}.$$

Sur une surface S,

$$x_n = f(x_1, x_2, \ldots, x_{n-1}),$$

on donne $\overline{z}$, $\overline{p_n}$.

Soit

$$P_i = \frac{\partial x_n}{\partial x_i},$$

on a

$$\frac{\partial \overline{z}}{\partial x_i} = \overline{p_i} + P_i \overline{p_n}, \qquad \text{d'où} \qquad \overline{p_i},$$

$$\frac{\partial \overline{p_k}}{\partial x_i} = \overline{p_{ik}} + P_i \overline{p_{kn}}, \qquad \text{d'où} \qquad \overline{p_{ik}},$$

en fonction de $\overline{p_{nn}}$, et alors (1) donne $\overline{p_{nn}}$, *en général*.

De sorte que nous sommes ramené à trouver *une solution de* (2) connaissant, sur S, z et ses dérivées *premières* et *secondes*.

Cherchons les dérivées *troisièmes*, nous avons, comme

précédemment,

$$H' p_{nn} + K' = 0,$$

$$H' = \sum\sum{}' \alpha_{ik} P_i P_k - \sum{}' \alpha_{in} P_i + \alpha_{nn} = 0.$$

La question se présente de la même façon que précédemment.

$$K' = -\sum{}' \frac{\partial H'}{\partial P_i} \frac{\partial \overline{p_{nn}}}{\partial x_i} + L',$$

$$L' = \sum{}' \alpha_{ik} \left(\frac{\partial^2 \overline{p_n}}{\partial x_i \, \partial x_k} - P_{ik} p_{nn} \right) + l,$$

$$l = \sum \beta_i \left(\frac{\partial \overline{p_n}}{\partial x_i} - p_{nn} P_i \right) + \frac{\partial F}{\partial z} p_n + \frac{\partial F}{\partial x_n}.$$

Bien entendu, tout se répète, sauf qu'une équation non linéaire d'ordre k se comporte comme une équation d'ordre $k+1$.

3. Théorèmes d'existence. — MM. Beudon et Hadamard, en suivant pas à pas M. Goursat, ont établi des théorèmes fondamentaux.

Nous mettons l'équation générale sous la forme

$$p_{n,n-1} = F(x_i, z, p_i, p_{ik}).$$

Nous exprimons que le plan $x_n = 0$ est *tangent*, en o, à une *caractéristique*.

Supposant que la droite $x_n = 0 = x_{n-1}$ n'est *pas tangente* à une *bicaractéristique*, nous trouvons *une solution holomorphe unique* prenant des valeurs données

$$z = \psi(x_1, x_2, \ldots, x_{n-1}) \quad \text{pour} \quad x_n = 0,$$
$$z = \chi(x_1, \ldots, x_{n-2}, x_n) \quad \text{pour} \quad x_{n-1} = 0.$$

Puis nous passons au cas où le plan $x_n = 0$ est *caractéristique* et nous obtenons ce théorème : Soit une équation générale du *second ordre*.

Une intégrale est déterminée par *ses valeurs* données : 1° sur une caractéristique; 2° sur une surface sécante (l'intersection n'étant pas une *bicaractéristique*).

Cette seconde condition remplace la donnée de toutes les dérivées $p_{nn\ldots n}$ en *un point* de chaque bicaractéristique [1].

---

[1] J. Hadamard, *Leçons sur les ondes*.

4. Remarque. — Pour l'*équation des ondes*, étudiée au Chapitre suivant, l'on rencontre une circonstance nouvelle.

Les caractéristiques sont des plans à 45° sur le plan x, y ou des enveloppes de tels plans.

Menons un cône à 45°. C'est *une caractéristique spéciale :* le fait de donner la valeur de l'*intégrale* sur le cône suffit à déterminer sans ambiguïté *toutes les dérivées* sur ce cône.

Au point de vue des éléments analytiques, il y aurait là une étude à faire. Elle est commencée dans un Mémoire qui va paraître [1].

Note. — Est-il nécessaire de remarquer qu'évidemment la théorie des caractéristiques est toute différente suivant que l'équation est *linéaire* ou non, suivant que z n'entre pas ou entre dans la fonction a_{ik} [Chap. I, n° 1, formule (1)].

Il en est de même quand le nombre des variables indépendantes est moindre que 3 (Ire Partie, Chap. II).

---

(1) R. d'Adhémar, *Journal de M. Jordan*, 1906.

CHAPITRE II.

L'ÉQUATION DES ONDES GÉNÉRALISÉE.

$$\frac{\partial^2 u}{\partial x^2} + \frac{\partial^2 u}{\partial y^2} - \frac{\partial^2 u}{\partial z^2} = F\left(x, y, z, \frac{\partial u}{\partial x}, \frac{\partial u}{\partial y}, \frac{\partial u}{\partial z}\right).$$

---

1. Une formule fondamentale. La notion de conormale. — Soit une surface *fermée* Σ, soit W le volume intérieur, soient α, β, γ les cosinus de la *normale extérieure* en un point, soient u et v des fonctions de x, y, z, admettant des dérivées des deux premiers ordres; représentons, d'autre part, par le symbole A l'opération

$$\left(\frac{\partial^2}{\partial x^2} + \frac{\partial^2}{\partial y^2} - \frac{\partial^2}{\partial z^2}\right),$$

et par le symbole D_n l'opération

$$\left(\alpha \frac{\partial}{\partial x} + \beta \frac{\partial}{\partial y} - \gamma \frac{\partial}{\partial z}\right).$$

La même méthode qui donne la célèbre *formule de Green*, fondamentale dans la Physique mathématique, donnera

$$\int\int_{(W)}\int [u A(v) - v A(u)]\, d\tau = \int_{(\Sigma)}\int [u D_n(v) - v D_n(u)]\, d\omega.$$

C'est la forme employée par M. Volterra, par M. Coulon dans ses premiers travaux.

Or j'ai montré [1] que D_n représente une dérivée véritable, suivant la direction symétrique de la normale par rapport au plan xy, direction nommée *conormale* et représentée par N. L'on a alors

$$\text{(G)} \quad \int\int_{(W)}\int [u A(v) - v A(u)]\, d\tau = \int_{(\Sigma)}\int \left(u \frac{dv}{dN} - v \frac{du}{dN}\right) d\omega.$$

Considérons un plan à 45° sur l'horizon (xy) ou une sur-

---

[1] *Comptes rendus*, 11 février 1901.

face polyédrale de plans de cette espèce, ou un cône dont les *génératrices* soient à 45°. Pour toutes ces surfaces l'on *voit* que la direction conormale est située sur la surface même, de sorte que, si l'on connaît, sur ces surfaces, la valeur de u, la valeur de $\frac{du}{dN}$ s'en déduit. MM. Coulon et Hadamard ont étendu la notion de *conormale* à l'équation linéaire générale du type hyperbolique.

2. Intégration, par M. Volterra. — Cherchons, avec M. Volterra, une fonction V, analogue à celle de Green ou de Riemann, telle que

$$A(V) = 0,$$

et qui soit *nulle* sur un cône A à 45°, de sommet A.

Fig. 19.

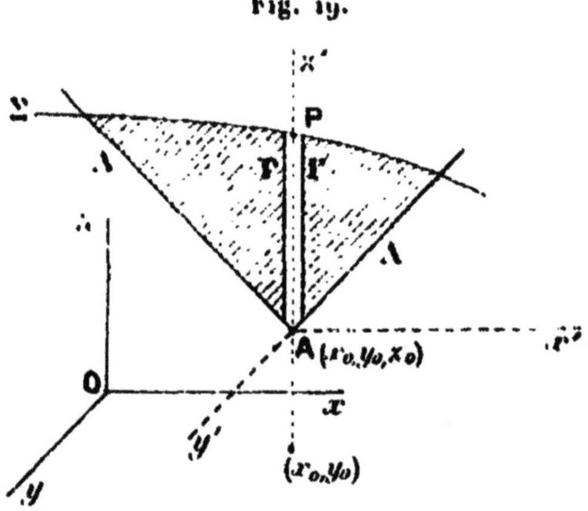

Nous sommes alors certain que, sur A, l'on a

$$\frac{dV}{dN} = 0.$$

(MM. Volterra et Coulon étaient obligés de faire un calcul pour s'en assurer.)

En plus, $V(x, y, z)$ sera *infinie* sur l'axe vertical A z'.

Dans ces conditions, si l'on applique la formule (G) au volume marqué par des hachures, si u et $\frac{du}{dN}$ sont donnés sur Σ, la formule (G) se réduira à une intégrale simple étendue de A en P égalée à un terme connu.

Une inversion donnera u intégrale de $A(u) = F(x, y, z)$. Montrons-le.

Soit A : (x_0, y_0, z_0), soient

$$z' = z - z_0, \qquad x' = x - x_0, \qquad y' = y - y_0,$$
$$r^2 = x'^2 + y'^2;$$

soit

$$\theta = \frac{z'}{r} > 1.$$

Cherchons une fonction $V = \varphi(\theta)$. L'on a

$$\Delta(V) = \frac{1}{r^2}\left[(\theta^2 - 1)\frac{d^2\varphi}{d\theta^2} + \theta\frac{d\varphi}{d\theta}\right] = 0,$$

$$V = \varphi = \log\left[\frac{z'}{r} + \sqrt{\left(\frac{z'}{r}\right)^2 - 1}\right],$$

V est bien *nulle* sur le cône A, qui a pour équation

$$\frac{z'}{r} = 1.$$

Soit $r = \varepsilon$ l'équation du cylindre vertical Γ, de rayon infiniment petit. La formule (G) donne

$$-\int\int_{(W)}\int VF(x, y, z)\,d\tau = \int\int_{(\Sigma+\Gamma)}\left(u\frac{dV}{dN} - V\frac{du}{dN}\right)d\omega.$$

Or

$$\int\int_{(\Gamma)} V\frac{du}{dN}\,d\omega = \int\int_{(\Gamma)} V\frac{du}{dN}\,\varepsilon\,d\alpha\,dz$$

(α étant l'angle polaire) et, comme

$$\lim_{\varepsilon=0}(V \times \varepsilon) = 0,$$

ce terme est nul à la limite.

Puis, sur Γ, l'on a

$$\frac{dV}{dN} = -\frac{\partial V}{\partial r} = \frac{z'}{r\sqrt{z'^2 - r^2}},$$

et u est fonction de z seul. On a donc

$$\lim_{r=0}\int\int_{(\Gamma)} u\frac{dV}{dN}\,d\omega = \lim_{r=0}\int\int \frac{z'}{r\sqrt{z'^2 - r^2}}\,u(x_0, y_0, z)\,r\,d\alpha\,dz$$
$$= 2\pi\int_{z_0}^{z_1} u(x_0, y_0, z)\,dz.$$

D'où

$$-\iiint_{(W)} VF\,d\tau - \iint_{(\Sigma)} \left(u\frac{dV}{dN} - V\frac{dV}{dN}\right) d\omega$$

$$= J_A = 2\pi \int_{z_0}^{z_1} u(z)\,dz.$$

Par inversion,

$$2\pi u(x_0, y_0, z_0) = \frac{dJ_A}{dz_1}.$$

Et c'est, établie plus rapidement, la formule donnée par M. Volterra [formule (2) de la page 183)].

M. Volterra a donc reconnu intuitivement le rôle des surfaces caractéristiques, puisque le cône A est caractéristique pour l'équation

$$A(u) = 0.$$

Il a découvert la fonction convenable V et a ainsi obtenu la formule qui donne l'intégrale en A, *si elle existe*, en fonction des valeurs données

$$\left.\begin{array}{l} u \\ \dfrac{du}{dN} \end{array}\right\} \text{ sur l'aire de } \Sigma \text{ découpée par A.}$$

J'ai complété cette belle théorie dans divers Mémoires (*Journal de M. Jordan*, 1904 et 1906 et *Rendiconti del Circolo di Palermo*, 1905).

Je vais résumer les résultats obtenus.

Si Σ est un cône ou un polyèdre de droites à 45°, la donnée u *suffit*, puisque $\frac{du}{dN}$ en résulte.

En plus le plan tangent de Σ doit être constamment incliné à 45°, au plus, sur xoy.

Il reste alors à faire, suivant l'expression de M. Hadamard, la *synthèse de la solution*.

1° La solution est-elle unique, lorsque u et sa dérivée sont donnés?

2° Quand le point (x_0, y_0, z_0) tend vers le point (1) de la frontière Σ, est-ce que $u(x_0, y_0, z_0)$ tend vers u_1 valeur donnée?

3° Peut-on vérifier l'équation $A(u) = 0$?

Le premier point résulte de la formule. Pour les deux autres, nous devons mettre sous une forme nouvelle les dérivées d'*intégrales à élément infini*, comme l'ont fait simultanément M. Hadamard et l'auteur.

Bien entendu, d'après la forme de J_1, l'on considérera séparément deux problèmes :

1° Intégrer

$$\Lambda(u) = F,$$

u et $\dfrac{du}{dN}$ étant donnés *nuls* sur Σ;

2° Intégrer

$$\Lambda(u) = 0,$$

u et $\dfrac{du}{dN}$ étant donnés *non nuls*.

A plusieurs reprises (*Congrès des mathématiciens*, Heidelberg, 1904; *Annales de l'École Normale supérieure*, 1905), M. Hadamard a signalé comme difficile cette *synthèse* de la solution, et sa *vérification*. Nous allons montrer quel a été notre point de départ.

3. Parties finies des intégrales. — Soit

$$F(\alpha) = \int_A^B f(x, \alpha)\, dx.$$

Si A et B sont des fonctions de α *continues* ainsi que leurs dérivées premières et si $f(x, \alpha)$ admet une dérivée, par rapport à α, *continue*, il est bien connu que l'on a

$$\text{(1)} \qquad \frac{dF}{d\alpha} = \int_A^B \frac{\partial f}{\partial \alpha} dx + f(B, \alpha)\frac{dB}{d\alpha} - f(A, \alpha)\frac{dA}{d\alpha}.$$

Dans son *Traité d'Analyse* (t. I, p. 43), M. Picard remarque que cette formule (1) ne serait pas applicable à la fonction

$$\Phi(\alpha) = \int_0^\alpha \frac{dx}{\sqrt{x(\alpha - x)}}.$$

Il se présenterait une différence, n'ayant aucun sens, de *deux termes infinis*. Étudions cela.

Prenons, plus généralement,

$$\text{(2)} \qquad V(\alpha) = \int_0^\alpha f(x, \alpha)\frac{dx}{\sqrt{\alpha - x}}.$$

Nous supposons que $f(x, \alpha)$ admet des dérivées premières $\dfrac{\partial f}{\partial x}$, $\dfrac{\partial f}{\partial \alpha}$ déterminées et *continues*.

V est une fonction bien déterminée et continue. On peut

donc faire le changement de variables

$$\alpha - x = \alpha(1 - y),$$

et V devient V_1,

$$V_1(\alpha) = \int_0^1 f(\alpha y, \alpha)\sqrt{\alpha}\frac{dy}{\sqrt{1-y}}.$$

Considérons d'ailleurs l'intégrale

$$W_1(\alpha) = \int_0^1 \frac{\partial}{\partial \alpha}[f(\alpha y, \alpha)\sqrt{\alpha}]\frac{dy}{\sqrt{1-y}}.$$

D'après les hypothèses faites, les intégrales V_1 et W_1 *convergent uniformément,* d'où

$$W_1 = \frac{dV_1}{d\alpha}.$$

Mais l'on peut écrire

$$W_1 = \lim_{h=0}\left(\int_0^{1-h} \frac{\partial}{\partial \alpha}[f\sqrt{\alpha}]\frac{dy}{\sqrt{1-y}}\right).$$

Posons

$$J_h = \int_0^{1-h} f\sqrt{\alpha}\frac{dy}{\sqrt{1-y}}.$$

On a

$$W_1 = \lim_{h=0}\left(\frac{\partial}{\partial \alpha}J_h\right).$$

Cette limite *existe certainement,* comme on le verrait en faisant dans W_1 le changement

$$1 - y = z^2.$$

Donc enfin

$$\text{(3)} \qquad \frac{dV}{d\alpha} = \lim_{h=0}\left(\frac{\partial}{\partial \alpha}\int_0^{\alpha(1-h)} f(x, \alpha)\frac{dx}{\sqrt{\alpha - x}}\right).$$

Voici le point essentiel : *légitimité de l'interversion de deux passages à la limite.*

Mais, en dérivant J_h, intégrale ci-dessus, où h est *fini* pour l'instant, nous pouvons employer la formule (1) :

$$\text{(4)} \qquad \frac{\partial}{\partial \alpha}J_h = \int_0^{\alpha(1-h)} \frac{\partial}{\partial \alpha}\frac{f(x, \alpha)}{\sqrt{\alpha - x}}dx + \frac{f[\alpha(1-h), \alpha]}{\sqrt{h}\sqrt{\alpha}}\frac{d}{d\alpha}[\alpha(1-h)].$$

Cette expression (4) renferme deux termes qui *croissent indéfiniment* lorsque h tend vers zéro, mais dont la *somme est finie*, quelque petit que soit h. Nous le savons d'avance, par le changement de variables; vérifions-le :

$$\frac{\partial}{\partial \alpha} \frac{f(x, \alpha)}{\sqrt{\alpha - x}} = \frac{\partial f}{\partial \alpha} \frac{1}{\sqrt{\alpha - x}} - f \frac{\partial}{\partial x}\left(\frac{1}{\sqrt{\alpha - x}}\right),$$

puisque

$$\frac{\partial}{\partial \alpha}\left(\frac{1}{\sqrt{\alpha - x}}\right) = -\frac{\partial}{\partial x}\left(\frac{1}{\sqrt{\alpha - x}}\right).$$

Alors

$$\int_0^{\alpha(1-h)} \frac{\partial}{\partial \alpha} \frac{f(x, \alpha)}{\sqrt{\alpha - x}} dx$$
$$= \int_0^{\alpha(1-h)} \left[\frac{\partial f}{\partial \alpha} \frac{dx}{\sqrt{\alpha - x}} - f \frac{\partial}{\partial x}\left(\frac{1}{\sqrt{\alpha - x}}\right) dx\right].$$

La première intégrale sera *finie*, d'après nos hypothèses. La deuxième intégrale donne

$$-\left[\frac{f(x, \alpha)}{\sqrt{\alpha - x}}\right]_0^{\alpha(1-h)} + \int_0^{\alpha(1-h)} \frac{\partial f}{\partial x} \frac{dx}{\sqrt{a - x}}.$$

Ici encore l'intégrale est *finie*. Donc

$$\frac{\partial J_h}{\partial \alpha} = \text{partie finie} + \frac{f[\alpha(1-h), \alpha]}{\sqrt{h}\sqrt{\alpha}}(1-h) - \frac{f[\alpha(1-h), \alpha]}{\sqrt{h}\sqrt{\alpha}}.$$

Il est clair que *les deux termes* en $\frac{1}{\sqrt{h}}$ *devenant chacun infini* pour $h = 0$ *ont une somme finie quelque petit que soit* h, puisque la somme contient un facteur $\sqrt{h}$.

Nous ferons constamment usage de ces *parties finies* d'intégrales infinies, car cela s'impose. L'extension aux *intégrales doubles,* grâce aux coordonnées polaires, est immédiate.

Extension. — Étendons ceci aux *intégrales triples,* nous trouverons encore la *partie finie.*

Soit d'abord un champ fini, variant d'une manière continue avec un paramètre λ et une fonction φ, sous le signe, continue ainsi que ses dérivées premières en x, y, z, λ.

Formons l'intégrale triple et calculons *la dérivée en* λ, en établissant, d'après M. C. Jordan ([1]), la formule d'Ostro-

([1]) *Cours d'Analyse,* t. III : Calcul des variations.

gradski, simplifiée pour notre usage. Soit

$$(1)\qquad I = \iiint_{W(\lambda)} \varphi(x, y, z)\, dx\, dy\, dz;$$

le champ d'intégration W, comme φ, dépend d'un paramètre λ,

$$I + \Delta I = \iiint_{(W+\Delta W)} (\varphi + \Delta\varphi)\, dx\, dy\, dz.$$

Nous voulons calculer

$$\frac{\partial I}{\partial \lambda} = \lim \frac{\Delta I}{\Delta \lambda}.$$

Pour cela, amenons les deux intégrales à avoir *même* champ d'intégration. Nous y arriverons en faisant correspondre à tout point (x, y, z) de $(W + \Delta W)$ un point (X, Y, Z) de W par les formules

$$\begin{aligned} x &= X + \xi, \\ y &= Y + \eta, \\ z &= Z + \zeta, \end{aligned}$$

avec la condition que la transformation vaille pour passer d'une frontière à l'autre (ξ, η, ζ sont des fonctions *infiniment petites* de l'ordre de $\Delta\lambda$).

Alors

$$I + \Delta I = \iiint_{(W)} \Psi J\, dX\, dY\, dZ,$$

J étant le jacobien,

$$\begin{vmatrix} 1 + \frac{\partial \xi}{\partial X} & \frac{\partial \xi}{\partial Y} & \frac{\partial \xi}{\partial Z} \\ \frac{\partial \eta}{\partial X} & 1 + \frac{\partial \eta}{\partial Y} & \frac{\partial \eta}{\partial Z} \\ \frac{\partial \zeta}{\partial X} & \frac{\partial \zeta}{\partial Y} & 1 + \frac{\partial \zeta}{\partial Z} \end{vmatrix},$$

Ψ étant la fonction $\varphi + \Delta\varphi$ exprimée en X, Y, Z.

On a

$$J = 1 + \frac{\partial \xi}{\partial X} + \frac{\partial \eta}{\partial Y} + \frac{\partial \zeta}{\partial Z} + \text{inf. petit d'ordre } 2.$$

Or

$$\varphi(x, y, z) = \varphi(X, Y, Z) + \xi \frac{\partial \varphi}{\partial X} + \eta \frac{\partial \varphi}{\partial Y} + \zeta \frac{\partial \varphi}{\partial Z} + \ldots$$

et

$$\Delta\varphi(x, y, z) = \Delta\varphi(X, Y, Z) + \ldots = \frac{\partial \varphi}{\partial \lambda} \Delta\lambda + \ldots.$$

Donc

$$\Psi J = \varphi(X, Y, Z) + \frac{\partial \varphi}{\partial \lambda} \Delta\lambda + \left[\frac{\partial}{\partial X}(\varphi \xi) + \frac{\partial}{\partial Y}(\varphi \eta) + \frac{\partial}{\partial Z}(\varphi \zeta) \right] + \ldots.$$

Enfin, l'on a

$$(2) \quad \Delta I = \iiint_{(W)} \left[\frac{\partial \varphi}{\partial \lambda} \Delta\lambda + \frac{\partial}{\partial X}(\varphi \xi) + \frac{\partial}{\partial Y}(\varphi \eta) + \frac{\partial}{\partial Z}(\varphi \zeta) \right] dX\, dY\, dZ + \ldots.$$

D'où la dérivée, en remarquant que ξ, η, ζ contiennent $\Delta\lambda$ en facteur.

Représentons $\lim\limits_{\Delta\lambda = 0} \left(\frac{\xi}{\Delta\lambda} \right)$ par ξ', etc. Nous avons une intégrale étendue au volume W et une intégrale étendue à son contour Σ :

$$(3) \quad \frac{\partial I}{\partial \lambda} = \iiint_{W} \frac{\partial \varphi}{\partial \lambda} dx\, dy\, dz + \iint_{\Sigma} \varphi(\xi' \cos\alpha + \eta' \cos\beta + \zeta' \cos\gamma)\, d\sigma.$$

Il était clair que seules les valeurs de ξ', η', ζ' sur Σ interviendraient.

(Nous avons repris la notation x, y, z au lieu de X, Y, Z.)

Nous aurons à faire de cette formule l'usage suivant : W sera le volume ABC limité par le cône A de A et par la frontière donnée S. Dans certains cas, W sera seulement la portion de ce volume située *au-dessus* de la section horizontale MN.

Le paramètre λ sera l'une des coordonnées x_0, y_0, z_0 de A. Enfin l'on aura à considérer le volume limité par le cône A comme la limite du volume limité par l'hyperboloïde λ (pointillé)

$$(z - z_0)^2 - r^2 = \varepsilon^2.$$

Lorsque ε tend vers *zéro*, suivant une loi quelconque, l'on voit que :

vol. $abc = w$ tend vers $W = ABC$;
aire bc tend vers aire BC;
aire mn tend vers aire MN;
aire $abc = \lambda$ tend vers aire $ABC = \Lambda$.

Fig. 20.

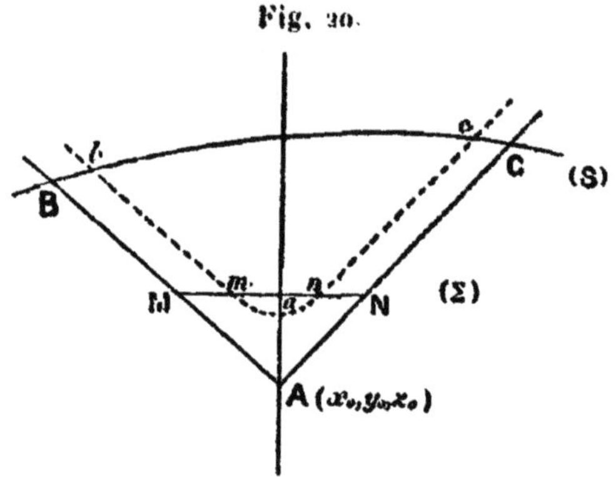

Lorsque W sera MNBC, Λ sera, bien entendu, l'aire correspondante du cône.

Soit alors

$$(4) \qquad I = \iiint_W FG\, dx\, dy\, dz.$$

$F(x, y, z)$ est *fini* ainsi que ses dérivées premières et deuxièmes et $G(x - x_0, y - y_0, z - z_0)$ est *infini* sur Λ comme

$$\frac{1}{R} = \frac{1}{\sqrt{(z - z_0)^2 - r^2}}.$$

L'intégrale I *a un sens*, d'après cela.

On peut écrire, par les mêmes considérations de convergence uniforme qui ont servi pour l'intégrale simple,

$$(5) \qquad \frac{\partial I}{\partial z_0} = \iiint_W G \frac{\partial F}{\partial z} d\tau - \iint_{\text{aire BC}} FG\, dx\, dy;$$

c'est la dérivée sous forme *immédiatement finie*, et cela résulte de la formule (3), avec cette remarque

$$\frac{\partial G}{\partial z_0} = - \frac{\partial G}{\partial z},$$

ou bien encore

$$(6)\qquad \frac{\partial I}{\partial z_0} = \lim\left[\int\int_{w}\int F\frac{\partial G}{\partial z_0}\,d\tau + \int\int_{\text{aire }\lambda} FG\,dx\,dy\right];$$

la limite existe, d'après (5), lorsque w tend vers W; nous écrivons donc aussi bien

$$(7)\qquad \frac{\partial I}{\partial z_0} = \text{part. fin.}\left[\int\int_{W}\int \frac{\partial}{\partial z_0}FG\,d\tau\right].$$

Ceci n'est rien de plus que ce qui précède, mais cette forme est utile cependant.

Dérivons encore, en écrivant (5) sous la forme

$$(5')\qquad \frac{\partial I}{\partial z_0} = J_1 + J_2.$$

Les mêmes remarques donnent, sous forme *immédiatement finie*,

$$(\beta)\qquad \frac{\partial J_1}{\partial z_0} = \int\int_{W}\int G\frac{\partial^2 F}{\partial z^2}\,d\tau - \int\int_{\text{aire BC}} \frac{\partial F}{\partial z}G\,dx\,dy,$$

et, sous forme de *partie finie*,

$$(\alpha)\qquad \frac{\partial J_1}{\partial z_0} = \lim\left[\int\int_{w}\int \frac{\partial F}{\partial z}\frac{\partial G}{\partial z_0}\,d\tau + \int\int_{\text{aire }\lambda}\frac{\partial F}{\partial z}G\,dx\,dy\right].$$

De même nous avons $\frac{\partial J_2}{\partial z_0}$, sous forme *immédiatement finie* (d'après ce que nous avons fait sur l'intégrale simple). Soit (δ) cette expression que nous n'écrivons pas.

Sous forme de *partie finie*,

$$(\gamma)\qquad \frac{\partial J_2}{\partial z_0} = \lim\left[-\int\int_{\text{aire }bc} F\frac{\partial G}{\partial z_0}\,dx\,dy - \int_{\text{contour }bc} FG\chi\,dl\right].$$

Il est inutile d'écrire l'expression finie de χ.

Ayant ainsi

$$\frac{\partial I}{\partial z_0} = \text{intégrale finie }(\beta) + \text{intégrale finie }(\delta),$$

nous sommes certains que la somme des parties finies (α)

et (γ) a un sens. Mais nous allons la transformer encore pour n'avoir plus à faire à $\frac{\partial F}{\partial z}$ dans (α).

Il suffit toujours d'observer que

$$\frac{\partial^2 G}{\partial z\, \partial z_0} = -\frac{\partial^2 G}{\partial z_0^2};$$

l'expression (α) devient

$$(8)\qquad \lim\left[\iiint_{w} F\frac{\partial^2 G}{\partial z_0^2}\,d\tau + \iint_{\text{aire }\lambda + \text{aire } bc} F\frac{\partial G}{\partial z_0}\,dx\,dy + \iint_{\lambda} \frac{\partial F}{\partial z} G\,dx\,dy\right];$$

de sorte que $(\alpha) + (\gamma)$ donne

$$(9)\qquad \lim\left[\iiint_{w} F\frac{\partial^2 G}{\partial z_0^2}\,d\tau + \iint_{\lambda}\left(F\frac{\partial G}{\partial z_0} + G\frac{\partial F}{\partial z}\right)dx\,dy - \int_{\text{contour } bc} FG\chi\,dl\right].$$

Lorsque ε tend vers zéro, l'intégrale triple *n'a plus de sens* et les deux autres intégrales deviennent infinies comme $\frac{1}{\varepsilon}$ et $\frac{1}{\varepsilon^3}$. La somme étant finie et égale à $(\beta) + (\delta)$, nous écrivons encore (9) sous la forme

$$(10)\qquad \text{part. fin.}\left[\iiint_{W} F\frac{\partial^2 G}{\partial z_0^2}\,d\tau\right].$$

Remarquons que si W était MNBC au lieu de ABC, nous aurions des intégrales ayant un sens suivant *bc* et *mn* (au lieu de *bc seul*) se détruisant exactement, et dans (9) l'intégrale de contour *bc* devrait être remplacée par une intégrale de contour *bc* et *mn*, de même nature exactement, de la forme $\frac{1}{\varepsilon}$.

Les dérivées premières et deuxièmes en x_0 et y_0 se présentent exactement de la même manière.

Nous avons désormais l'instrument indispensable, actuellement, pour l'étude complète de notre équation.

Ces *parties finies* proviennent de la légitimité de l'interversion de deux passages à la limite, interversion que l'on peut écrire

$$\frac{\partial}{\partial\lambda}\left(\lim_{n=\infty} J_n\right) = \lim_{n=\infty}\left(\frac{\partial}{\partial\lambda} J_n\right).$$

Elles permettent de mettre en évidence certaines expressions qui, sans elles, restent voilées. Il est prudent d'avoir constamment sous les yeux leur *définition* exacte et l'expression *immédiatement finie* correspondante.

Nous pouvons maintenant faire la *synthèse*, la *vérification*, et une large *extension*.

4. Synthèse de la solution. — Grâce à ce qui précède, on prouve assez facilement que la solution $u(x_0, y_0, z_0)$ prend la valeur donnée à la frontière quand le point (x_0, y_0, z_0) vient sur la frontière.

On distinguera deux cas :

1° $A(u) = 0$ données *non nulles*, frontière quelconque. La démonstration est assez courte (*Journ. de M. Jordan*, 1906). Frontière caractéristique. C'est beaucoup plus difficile (*Circolo matematico di Palermo*, 1905).

2° Passons au cas où l'on intègre $A(u) = F$ avec des données *nulles* à la frontière.

Dans le cas où la frontière est un cône A, on démontre que u_0 tend bien vers *zéro* quand le point $A_0(x_0, y_0, z_0)$ s'approche du cône A.

Quand la frontière est quelconque, l'emploi des parties finies montre rapidement que, Z étant la cote maxima d'un point de S compris dans l'intérieur du cône A_0 de A :

u_0 est de l'ordre de $(Z - z_0)^2$;

$\frac{\partial u_0}{\partial z_0}, \frac{\partial u_0}{\partial x_0}, \frac{\partial u_0}{\partial y_0}$ sont de l'ordre de $(Z - z_0)$.

Donc la convergence est démontrée encore. (Thèse, *Journ. de M. Jordan*, 1904.)

Et ceci nous permettra d'intégrer des équations beaucoup plus générales.

5. Vérification de la solution. — Enfin, de ce qui précède on peut tirer la vérification de l'équation.

Nous prendrons le cas $A(u) = F$ avec les données *nulles* sur la frontière, caractéristique ou non. Nous résumerons seulement la question. La fonction V étant complètement *indéterminée* au point $A(x_0, y_0, z_0)$, étant *infinie* sur la verticale Az', ayant ses dérivées infinies sur le cône, autour de A, nous ne pouvons parler des « parties finies » autour de A. Donc nous *isolons* A par le plan horizontal MN.

Au volume AMN correspond une portion de $u(x_0, y_0, z_0)$, soit u''. Au volume BCMN correspond u',

$$u(x_0, y_0, z_0) = u' + u''.$$

Dans le volume AMN on prendra les expressions *immédiatement finies* des dérivées. Faisant tendre AMN vers *zéro*, on obtient

$$A(u'') = F(x_0, y_0, z_0).$$

Dans le volume BCMN, en *comparant* les *parties finies* aux expressions *immédiatement finies* des dérivées, on a

$$A(u') = 0.$$

Donc on a le résultat cherché.

La vérification serait bien plus facile à établir pour le cas $A(u) = 0$, avec les données *non nulles* sur la frontière.

6. Intégration par approximations successives d'une équation plus générale. — Rappelons les résultats obtenus pour $A(u) = F(x, y, z)$. Étant donné le volume d'intégration ABC, nous considérons le volume *majorant* AB′C′ limité par le même cône A de A et par un plan horizontal B′C′ de cote Z supérieure à la cote maxima de la frontière S,

$$\begin{aligned} 2\pi u(x_0, y_0, z_0) &= \iiint_{ABC} F \frac{\partial V}{\partial z_0} d\tau \\ &= -F(\xi, \eta, \zeta) \iiint_{ABC} \frac{\partial V}{\partial z} d\tau \\ &= -2\pi\theta_A F(\xi, \eta, \zeta) \frac{(Z - z_0)^2}{2}, \end{aligned}$$

(ξ, η, ζ) est un point moyen. θ_A est un nombre compris entre 0 et 1, parce que l'on a intégré dans le volume majorant.

Pour l'expression de $\frac{\partial u}{\partial z_0}$ faisons encore sortir F de l'intégrale, majorons avec AB′C′, nous avons à prendre

$$\begin{aligned} &\int_0^{2\pi} d\alpha \int_{z_0}^{Z} dz \left\{ \text{part. fin.} \left| \int_0^{z - z_0} \frac{-(z - z_0)}{[(z - z_0)^2 - r^2]^{\frac{3}{2}}} r\, dr \right| \right\} \\ &\qquad = 2\pi \int_{z_0}^{Z} (z - z_0) \frac{1}{z - z_0} dz = 2\pi \int_{z_0}^{Z} dz, \end{aligned}$$

d'où

$$2\pi \frac{\partial}{\partial z_0} u(x_0, y_0, z_0) = 2\pi \theta'_A F(\xi', \eta', \zeta')(Z - z_0),$$

et les expressions analogues pour $\frac{\partial}{\partial x_0}$ et $\frac{\partial}{\partial y_0}$.

D'où l'intégration de

$$A(u) = f\left(x, y, z, u, \frac{\partial u}{\partial x}, \frac{\partial u}{\partial y}, \frac{\partial u}{\partial z}\right):$$

1° Si f est *linéaire;*

2° Si le théorème des *accroissements finis* est applicable à la fonction $f(x, y, z, u, u_1, u_2, u_3)$ relativement aux variables u, u_1, u_2, u_3.

TROISIÈME PARTIE.

GÉNÉRALISATIONS ET REMARQUES.

1. Équation d'ordre n a 2 variables indépendantes. — On passe, sans grande difficulté, de ce qui précède à la théorie des caractéristiques dans le cas tout à fait général, le nombre des variables indépendantes étant *deux* (*voir* M. Goursat).

Pour l'équation

$$A_0 p_{n0} + A_1 p_{n-1,1} + \ldots + A_n p_{0n} = 0,$$

les caractéristiques sont données par $\frac{dy}{dx} = \lambda$, avec

$$A_0 \lambda^n - A_1 \lambda^{n-1} + A_2 \lambda^{n-2} + \ldots + (-1)^n A_n = 0.$$

2. Travaux de M. Le Roux. — Dans sa Thèse (1894), consacrée principalement aux équations linéaires du type hyperbolique, dans le domaine analytique, M. Le Roux met en œuvre cette idée ingénieuse : trouver *une solution* dépendant d'un paramètre $z(x, y, \alpha)$ et choisir convenablement les limites de la quadrature

$$X = \int f(\alpha)\, z(x, y, \alpha)\, d\alpha,$$

de sorte que $X(x, y)$ soit encore une solution. En particulier, il retrouve ainsi et généralise les résultats de MM. Darboux et Appell relativement aux équations d'Euler et Poisson,

$$E(\beta, \beta') \qquad z'' - \frac{\beta'}{x-y}\frac{\partial z}{\partial x} + \frac{\beta}{x-y}\frac{\partial z}{\partial y} = 0.$$

(Si ces équations ont été, depuis longtemps, l'objet de beaux résultats, c'est d'ailleurs parce que leur forme correspond à une propriété fonctionnelle simple. (*Voir,* par exemple, le Mémoire de M. Bühl, *Journal de M. Jordan,* 1904.)

M. Le Roux rattache ses Travaux aux méthodes de Riemann, de Picard, et à la célèbre *Méthode de Laplace* (*voir*

M. Darboux, Travaux étudiés par M. Goursat, dans ses *Leçons*, Hermann), et il résout un problème d'*inversion d'intégrales définies*.

Il étudie aussi les *singularités* des solutions, qui dépendent ou de l'équation même ou des données sur la frontière (singularités *accidentelles*).

Plus tard (*Journal de M. Jordan*, 1898), il étend ses résultats aux équations linéaires d'ordre n à deux variables, puis (*Journal de M. Jordan*, 1900) aux équations à n variables.

M. Le Roux a été ainsi progressivement amené à relier ses Travaux à l'étude des *transformations infinitésimales* (*Journal de M. Jordan*, 1903, et *Travaux de l'Université de Rennes*, 1906).

Retenons seulement ici que M. Le Roux a montré que certaines solutions, dites *normales*, ne peuvent admettre que des *caractéristiques* pour *lignes singulières accidentelles*.

3. Travaux de MM. Delassus, Bianchi, Niccoletti. — D'autre part, dès 1895, M. Delassus, dans sa *Thèse sur les équations à caractéristiques réelles*, dans le domaine analytique, fait usage de la notion fondamentale du *domaine d'un arc* ([1]) et montre que les *lignes singulières essentielles* des solutions (celles au delà desquelles on ne peut prolonger analytiquement) sont, ou bien certaines *lignes fixes*, ou bien des *caractéristiques*.

Dans cette Thèse, M. Delassus intègre, par approximations successives, d'abord les équations à une seule caractéristique,

$$\frac{\partial^n z}{\partial x^n} = \sum a_{ik} \frac{\partial^{i+k} z}{\partial x^i \, \partial y^k} \qquad \left\{ \begin{array}{l} i = 0, 1, 2, \ldots, n-1, \\ k = 0, 1, 2, \ldots, n-1, \\ i + k < n, \end{array} \right.$$

puis les équations de la forme la plus générale, mises sous forme canonique

$$\omega(z) = u(z),$$

ayant posé

$$\omega(z) = \left(\frac{\partial}{\partial x} + \lambda_n \frac{\partial}{\partial y}\right)\left(\frac{\partial}{\partial x} + \lambda_{n-1} \frac{\partial}{\partial y}\right) \cdots \left(\frac{\partial}{\partial x} + \lambda_2 \frac{\partial}{\partial y}\right)\left(\frac{\partial z}{\partial x} + \lambda_1 \frac{\partial z}{\partial y}\right),$$

$u(z)$ ne contenant que des dérivées d'ordre $n - 1$.

([1]) Étant donné un arc *analytique* régulier AMB, on trouve une *aire* $\mathcal{A}$ *l'entourant* et telle que, *quelles que soient les données* analytiques sur AMB, l'*intégrale* est analytique dans $\mathcal{A}$.

Enfin M. Delassus fait la belle extension suivante de la *Méthode de Riemann* et de la *Méthode de M. Picard*. Soit

$$F(z) = 0 = \frac{\partial^n z}{\partial x^p \partial y^q} - f(z) = \sum A_{ik} \frac{\partial^{i+k}}{\partial x^i \partial y^k},$$

$$\begin{cases} i = 0, 1, 2, \ldots, p, & p + q = n, \\ k = 0, 1, 2, \ldots, q, & A_{pq} = 1. \end{cases}$$

L'équation adjointe sera

$$G(u) = \sum (-1)^{i+k} \frac{\partial^{i+k}}{\partial x^i \partial y^k} (A_{ik} u) = 0,$$

d'où

$$uF - zG = \frac{\partial M}{\partial x} + \frac{\partial N}{\partial y} + \frac{\partial^2 \Theta}{\partial x \partial y},$$

M, N, Θ ont des formes telles que l'on obtient une formule toute semblable à celle de Riemann par la même intégrale de contour.

Il est encore à remarquer que M. Delassus s'occupe, dans sa Thèse, de certaines équations à trois variables indépendantes, celles dont les caractéristiques ont une forme très particulière rappelant le cas de deux variables.

De leur côté, M. Bianchi et M. Niccoletti ont fait aussi de remarquables extensions de la *Méthode de M. Picard* et de la *Méthode de Riemann* à des systèmes d'équations du type hyperbolique.

La solution, malgré la complication des notations, est assez simple ([1]) et fort élégante.

4. Travaux de MM. Pedone, Coulon, Hadamard. — Nous avons vu la haute valeur de l'idée de M. Volterra touchant l'étude de l'équation des ondes cylindriques généralisée,

$$A(u) = \left(\frac{\partial^2}{\partial x^2} + \frac{\partial^2}{\partial y^2} - \frac{\partial^2}{\partial z^2}\right) u = F(x, y, z).$$

A un autre point de vue et bien avant lui, Poisson et Kirchhoff avaient étudié l'équation des ondes sphériques

$$B(V) = \left(\frac{\partial^2}{\partial x^2} + \frac{\partial^2}{\partial y^2} + \frac{\partial^2}{\partial z^2} - \frac{1}{a^2} \frac{\partial^2}{\partial t^2}\right) V = 0.$$

([1]) L. Bianchi, *Accademia dei Lincei*, 1895. — O. Niccoletti, *Acc. dei Lincei*, 1895, et *Mémoires della R. Acc. di Napoli*, 1896.

Soit S une surface dans l'espace (x, y, z), t étant regardé comme paramètre.

On donne pour $t = 0$,

$$\left\{\begin{aligned} &V(x, y, z, 0) = f(x, y, z), \\ &\frac{\partial V}{\partial t}(x, y, z, 0) = g(x, y, z), \end{aligned}\right.$$

soit

$$F(t) = \frac{1}{4\pi a^2 t^2} \int\int_S f(x, y, z)\, d\sigma,$$

$$G(t) = \frac{1}{4\pi a^2 t^2} \int\int_S g(x, y, z)\, d\sigma.$$

Poisson a donné ([1]), en 1819, la solution de $B = 0$, sous la forme

$$V(x_0, y_0, z_0, t) = \frac{d}{dt}[t F(t)] + t G(t).$$

Il y a grand intérêt à rattacher cette solution à un théorème fondamental de Kirchhoff (Académie de Berlin, 1882; *Annales de l'École Normale supérieure*, 1886). Ce théorème a été démontré aussi par Beltrami (Institut Lombard, 1889).

On peut aisément étendre la méthode de M. Volterra aux équations de la forme

$$\left(\frac{\partial^2}{\partial x_1^2} + \frac{\partial^2}{\partial x_2^2} + \ldots + \frac{\partial^2}{\partial x_p^2} - \frac{\partial^2}{\partial t^2}\right) V = 0.$$

C'est ce qu'a fait M. O. Tedone (*Annali di Matematica*, 1898).

On peut également passer aux équations étudiées par M. J. Coulon, dans sa Thèse :

$$\Delta^{p,q} V = \left(\sum_1^p \frac{\partial^2}{\partial x_h^2} - \sum_1^q \frac{\partial^2}{\partial y_k^2}\right) V = 0.$$

On obtient l'intégrale par des dérivations répétées, et M. J. Coulon a obtenu une forme symbolique très élégante, en même temps d'ailleurs que, parallèlement à M. Hadamard,

---

([1]) *Voir* le beau Livre de M. Duhem : *Leçons sur l'Hydrodynamique et l'Élasticité* (Paris, Hermann).

il obtenait des interprétations hydrodynamiques d'un grand prix (*Thèse* de M. Coulon, Hermann, 1902).

Mais ici l'on doit faire une observation fondamentale.

Nous avons obtenu, pour $A(u) = F$, la valeur $u(x_0, y_0, z_0)$ en fonction de *données* situées à l'*intérieur* du cône Λ de A au-dessus ou au-dessous du sommet.

M. Volterra s'est attaché à un autre problème, en plaçant les données sur une surface qui tourne autour de Az', comme un cylindre. Nous appelons ce nouveau problème le *problème extérieur* et réservant le nom de *problème intérieur* à celui que nous avons résolu ici complètement.

M. Volterra, puis M. d'Adhémar ont montré que le problème *extérieur n'aura pas de solution,* en général. M. Hadamard annonce que l'on doit modifier son énoncé et prendre un *problème mixte,* les données n'étant pas partout les mêmes (*Leçons sur les ondes,* p. 331).

Or il résulte d'une remarque de M. J. Coulon, qu'en général c'est le *problème extérieur* qui se présente seul lorsque p et q sont quelconques.

Ainsi, pour l'équation $\Delta^{p,q} V = 0$, de nouvelles recherches devront être faites pour compléter les résultats de M. J. Coulon. L'étude du problème extérieur devra être poursuivie.

Prenons la question de plus loin.

Quand on a des équations à *plus de deux* variables indépendantes, ni la question des *caractéristiques* ni celle des *formes canoniques* des équations ne se posent de la même façon.

Pour le second ordre, il résulte des travaux de M. Cotton (nous l'avons déjà dit), qu'il n'y a plus un nombre limité de formes canoniques simples pour les équations linéaires.

Il faut donc étudier l'équation linéaire générale. M. Hadamard a commencé cette étude dans un remarquable Mémoire relatif au cas de trois variables indépendantes (*Annales de l'École Normale supérieure,* 1904 et 1905).

Ce Travail établit un lien entre les types hyperbolique et elliptique, par l'analogie des *solutions fondamentales* mises en jeu. Il faut remarquer que la méthode est limitée au cas de données *analytiques* et qu'elle conduit aux *mêmes calculs* que celle de M. Volterra pour l'équation étudiée ici.

On voit immédiatement que, pour notre équation

$$\Lambda(u) = \frac{\partial^2 u}{\partial x^2} + \frac{\partial^2 u}{\partial y^2} - \frac{\partial^2 u}{\partial z^2} = 0,$$

on a la solution

$$\text{(I)} \qquad \frac{1}{R} = \frac{1}{\sqrt{(z - z_0)^2 - r^2}}.$$

Avec M. Volterra, nous employons cette autre solution fondamentale

$$\text{(II)} \qquad V = \log\left[\frac{z - z_0}{r} + \sqrt{\left(\frac{z - z_0}{r}\right)^2 - 1}\right],$$

qui se déduit immédiatement de (I) par une quadrature.

Pour le cas linéaire général, on part toujours de la formule où entrent l'*adjointe* et la *conormale*, mais M. J. Hadamard cherche une solution fondamentale analogue de $\frac{1}{R}$ et non pas de V.

Ceci l'amène à étudier un problème résolu dans des cas spéciaux, d'abord par M. Picard (*Comptes rendus*, avril 1891, juin 1900), puis par MM. Hilbert, Hedrick, Fredholm, Le Roux, Holmgren, Levi-Civita (*Nuovo Cimento*, Pisa, 1897).

M. Hadamard part donc des solutions fondamentales en $\frac{1}{R}$ (R étant, en général, une *distance géodésique* relative à une forme différentielle déduite de l'équation).

Il obtient encore, par une *dérivation*, la valeur de $u(x_0, y_0, z_0)$ au sommet d'un *conoïde caractéristique*, qui est l'analogue du cône A.

La dérivation conduit à ces *parties finies* d'intégrales dont nous avons longuement parlé à propos de l'équation des ondes.

Pour montrer la force de la modification que M. Hadamard fait subir à la méthode de M. Volterra, il nous suffira de dire que l'équation

$$A(u) + Ku = 0 \qquad (K = \text{const.})$$

est immédiatement intégrée, sans la méthode d'approximations successives.

M. Hadamard a été plus loin encore et, dans un Mémoire qui sera prochainement publié (*Acta mathematica*), il étend ses résultats à l'équation linéaire hyperbolique de deuxième ordre à n variables.

La parité du nombre n joue un rôle prépondérant.

n étant *impair*, l'analogie avec notre équation des ondes est complète. n étant *pair*, la partie de la solution fondamentale qui conduirait à nos « parties finies » s'élimine d'elle-même, et la méthode ressemble davantage à celle de Riemann (*Comptes rendus*, 13 février 1905).

Il restera encore, pour le *problème extérieur*, des questions très difficiles à résoudre. Sans doute, comme le pense M. Hadamard, faut-il se placer à un point de vue autre que celui de MM. Volterra, Tedone et de l'auteur, et poser un *problème mixte*.

5. Remarque sur la nature analytique des solutions. — On sait, depuis longtemps, que les solutions de l'équation de Laplace

$$\Delta z = \frac{\partial^2 z}{\partial x^2} + \frac{\partial^2 z}{\partial y^2} = 0$$

sont *analytiques*. En 1890, M. Picard (*Journal de l'École Polytechnique*) a obtenu ce résultat remarquable qu'il en est de même pour l'équation

$$\Delta z + a\frac{\partial z}{\partial x} + b\frac{\partial z}{\partial y} + cz = 0$$

(a, b, c étant *analytiques*). M. Hilbert a *énoncé* et M. Serge Bernstein a *démontré* ce même théorème pour les solutions de l'*équation elliptique la plus générale, à deux variables indépendantes*.

Ajoutons que l'analyse de M. Bernstein repose sur un emploi tout à fait merveilleux des Approximations successives (*Mathematische Annalen*, t. LIX).

Dans une courte Note (*Comptes rendus*, 1895) M. Picard a esquissé la démonstration du même théorème pour l'équation linéaire générale, d'ordre $2p$, à caractéristiques imaginaires, à 2 variables indépendantes.

Pour les équations *hyperboliques* étudiées ici, il est clair que la solution n'est pas forcément analytique, et que l'on obtient cette solution dans *deux régions* différentes, séparées par la frontière portant les données. Autant de différences avec les équations *elliptiques*.

6. Remarque sur les systèmes d'équations du type hyperbolique. — La théorie des *caractéristiques des systèmes*, commencée par M. Hadamard, pourra sans doute résulter de l'étude minutieuse des travaux de MM. Méray, Riquier, Bourlet, Delassus [1].

---

[1] J. Hadamard, *Soc. Math. de France*, 1906.

On sait, en effet, aujourd'hui, que la forme canonique de Mme de Kowaleska n'est pas la forme la plus générale.

Signalons seulement l'intégration, par M. Niccoletti, de systèmes généralisant *directement* celui-ci :

$$\frac{\partial^2 z_i}{\partial x\,\partial y} + \sum_k a_{ik}\frac{\partial z_k}{\partial x} + \sum_k b_{ik}\frac{\partial z_k}{\partial y} + \sum_k c_{ik} z_k = 0,$$

puis l'intégration, par M. Volterra (même *Mémoire*), du système (¹)

$$\left\{\begin{aligned} \frac{\partial^2 u}{\partial t^2} &= a^2\,\Delta u + (b^2 - a^2)\frac{\partial}{\partial x}\left(\frac{\partial u}{\partial x} + \frac{\partial v}{\partial y}\right) + X,\\ \frac{\partial^2 v}{\partial t^2} &= a^2\,\Delta v + (b^2 - a^2)\frac{\partial}{\partial y}\left(\frac{\partial u}{\partial x} + \frac{\partial v}{\partial y}\right) + Y. \end{aligned}\right.$$

La généralisation de ce système a été magistralement étudiée par M. O. Tedone (*Memorie dell' Accademia di Torino,* 1897).

7. Remarque sur la synthèse de l'équation des ondes. — La donnée étant portée par un *cône caractéristique,* la synthèse a été faite ainsi (p. 72).

On prend les coordonnées polaires avec le sommet du cône pour origine, soient λ, θ.

On prend d'abord le cas où *la donnée* est z^p, ou λ^p (p entier). Ici

$$R^2 = a\lambda + b$$

(tandis qu'en général on aurait un terme en λ^2; mais le cas général se traite très rapidement, on l'a dit)

$$a = 2(z_0 + D\cos\theta),$$
$$b = z_0^2 - D^2.$$

On a alors à dériver, en z_0, l'intégrale

$$\int_0^{2\pi}\int_0^{B}\left[1 - (z_0 + \lambda)\frac{\lambda - D\gamma}{r^2}\right]\frac{\lambda^{p+1}\,d\lambda\,d\theta}{\sqrt{a\lambda + b}},$$

B est la racine de $R = 0$; r s'exprime en λ, c'est la distance polaire relative à $A(x_0, y_0, z_0)$; $\gamma = \cos\theta$; D est la distance de ce point A à l'axe du cône.

(¹) Δ étant le laplacien $\frac{\partial^2}{\partial x^2} + \frac{\partial^2}{\partial y^2}$.

On prend la « partie finie » et l'on est ramené à calculer, par la méthode des *résidus*,

$$\Gamma_{i}=\int_{0}^{2\pi}\frac{d\theta}{(K-\gamma)^{n}}\qquad (K=\text{const.}),$$

puis on passe au cas où la donnée est

$$\sum_{0}^{\infty}\Phi_{i}(\theta)\lambda^{n},$$

Φ_n étant *périodique*, sans aucun nouveau calcul. (*Circ. di Palermo*, 1905.)

8. Remarque sur le théorème de M. Riquier. — Nous avons été un peu bref sur cette question (p. 34). Ajoutons un mot :

Reprenons la majoration

$$(1)\qquad S=\frac{M}{\left(1-\frac{u}{\rho}\right)\left(1-\frac{z+p+q}{\rho_1}\right)\left(1-\frac{r+t}{R}\right)}-M\left(1+\frac{r+t}{R}\right)+\lambda(Ar-Bt),$$

$$u=\frac{x}{h}+\frac{y}{l},\qquad z=\varphi(u,\lambda);$$

alors (1) devient

$$(2)\qquad \left[\frac{1}{hl}-\lambda\left(\frac{A}{h^2}+\frac{B}{l^2}\right)\right]\varphi''(u)$$
$$=\frac{1}{R}\left(\frac{1}{h^2}+\frac{1}{l^2}\right)\left[\frac{1}{hl}-\lambda\left(\frac{A}{h^2}-\frac{B}{l^2}\right)\right]\varphi''^2(u)$$
$$+\frac{M}{R^2}\left(\frac{1}{h^2}+\frac{1}{l^2}\right)^2\varphi''^2(u)+\Psi[u,\varphi'(u),\varphi''(u)].$$

Il nous faut une solution à coefficients *positifs*, holomorphe pour $\lambda=1$.

Pour cela rendons positif le coefficient de φ'' pour $\lambda=1$,

$$Al^2-hl+Bh^2<0.$$

Nous posons donc

$$(\text{I})\qquad 1-4AB>0$$

et prenons $\frac{l}{h}$ entre les racines, avec

$$0<h<1,\qquad 0<l<1.$$

Posons

$$\frac{A}{h^2} + \frac{B}{l^2} = \frac{1}{\lambda_1} \frac{1}{hl} \qquad \lambda_1 > 1,$$

H et K étant des nombres positifs, on a, pour (2), la forme (3),

$$(3) \qquad \varphi''(u) = hl\,\varphi''^2(u)\left(\frac{H}{1-\frac{\lambda}{\lambda_1}} + K\right) + \frac{\psi'}{1-\frac{\lambda}{\lambda_1}}.$$

On a bien alors une intégrale, *nulle* ainsi que ses deux premières dérivées pour $u = 0$, à coefficients positifs et convergente pour

$$|x| < \alpha, \qquad |y| < \beta, \qquad |\lambda| < \mu \qquad (\mu > 1, \alpha > 0, \beta > 0).$$

On voit comment s'introduit la condition (I).

Mais la condition qui intervient dans ce mode de démonstration est-elle *nécessaire?* Ou bien l'existence des solutions dépend-elle de propriétés *arithmétiques* des coefficients de l'équation?

TABLE DES MATIÈRES.

DEUXIÈME PARTIE.

Les équations générales à *n* variables indépendantes.

CHAPITRE I. — *Esquisse d'une théorie générale des caractéristiques.*

CHAPITRE II. — *L'équation des ondes généralisée.*

TROISIÈME PARTIE.

Généralisations et remarques.

FIN DE LA TABLE DES MATIÈRES.

38975 Paris. Imp. GAUTHIER-VILLARS, quai des Grands-Augustins, 55.

SCIENTIA

Exposé et Développement des Questions scientifiques à l'ordre du jour.

Recueil publié sous la direction de MM. APPELL, D'ARSONVAL, HALLER, LIPPMANN, MOISSAN, POINCARÉ, Membres de l'Institut, *pour la Partie Physico-Mathématique*, et de MM. D'ARSONVAL, GAUDRY, GUIGNARD, Membres de l'Institut; HENNEGUY, Professeur au Collège de France, *pour la Partie Biologique*.

Chaque fascicule comprend de 80 à 100 pages in-8 écu, avec cartonnage spécial.

Prix du fascicule............ 2 francs.

A côté des revues périodiques spéciales, enregistrant au jour le jour le progrès de la Science, il nous a semblé qu'il y avait place pour une nouvelle forme de publication, destinée à mettre en évidence, par un exposé philosophique et documenté des découvertes récentes, les idées générales directrices et les variations de l'évolution scientifique.

A l'heure actuelle, il n'est plus possible au savant de se spécialiser; il lui faut connaître l'extension graduellement croissante des domaines voisins : mathématiciens et physiciens, chimistes et biologistes ont des intérêts de plus en plus liés.

C'est pour répondre à cette nécessité que, dans une série de monographies, nous nous proposons de mettre au point les questions particulières, nous efforçant de montrer le rôle actuel et futur de telle ou telle acquisition, l'équilibre qu'elle détruit ou établit, la déviation qu'elle imprime, les horizons qu'elle ouvre, la somme de progrès qu'elle représente.

Mais il importe de traiter les questions, non d'une façon dogmatique, presque toujours faussée par une classification arbitraire, mais dans la forme vivante de la raison qui débat pas à pas le problème, en détache les inconnues et l'inventorie avant et après sa solution, dans l'enchaînement de ses aspects et de ses conséquences. Aussi, indiquant toujours les voies multiples que suggère un fait, scrutant les possibilités logiques qui en dérivent, nous efforcerons-nous de nous tenir dans le cadre de la méthode expérimentale et de la méthode critique.

Nous ferons, du reste, bien saisir l'esprit et la portée de cette nouvelle collection, en insistant sur ce point, que la nécessité d'une publication y sera toujours subordonnée à l'opportunité du sujet.

Série physico-mathématique.

(Adresser les Communications à M. Ad. Buhl.)

1. (*Épuisé*).
2. Maurain (Ch.). *Le magnétisme du fer.*
3. Freundler (P.). *La Stéréochimie.*
4. Appell (P.). *Les mouvements de roulement en Dynamique.*
5. Cotton (A.). *Le phénomène de Zeemann.*
6. Wallerant (Fr.). *Groupements cristallins; propriétés et optique.*
7. Laurent (H.). *L'élimination.*
8. Raoult (F.-M.). *Tonométrie.*
9. Decombe (L.). *La célérité des ébranlements de l'éther.*
10. Villard (P.) *Les rayons cathodiques.*
11. Barbillion (L.) *Production et emploi des courants alternatifs.*
12. Hadamard (J.) *La série de Taylor et son prolongement analytique.*
13. Raoult (F.-M.). *Cryoscopie.*
14. Macé de Lépinay (J.). *Franges d'interférences et leurs applications métrologiques.*
15. Barbarin (P.). *La Géométrie non-euclidienne.*
16. Neculcea (E.). *Le phénomène de Kerr.*
17. Andoyer (H.). *Théorie de la Lune.*
18. Lemoine (E.). *Géométrographie.*
19. Carvallo (E.). *L'électricité déduite de l'expérience et ramenée aux principes des travaux virtuels.*
20. Laurent (H.). *Sur les principes fondamentaux de la Théorie des nombres et de la Géométrie.*
21. Decombe (L.). *La compressibilité des gaz réels.*
22. Gibbs (J.-W.). *Diagrammes et surfaces thermodynamiques.*
23. Poincaré (H.). *La théorie de Maxwell et les oscillations hertziennes. La télégraphie sans fil.*
24. Couturat (L.). *L'Algèbre de la Logique.*
25. Guichard (C.). *Sur les systèmes triplement indéterminés et sur les systèmes triple-orthogonaux.*
26. de Metz (G.). *La double réfraction accidentelle dans les liquides.*
27. Petrovitch (M.). *La Mécanique des phénomènes fondée sur les analogies.*
28. Bouasse (H.). *Les bases physiques de la Musique.*

Série biologique.

1. Bard (L.). *La spécificité cellulaire.*
2. Le Dantec (F.). *La sexualité.*
3. Frenkel (H.). *Les fonctions rénale*
4. Bordier (H.). *Les actions moléculaires dans l'organisme.*
5. Arthus (M.). *La coagulation du sang.*
6. Mazé (P.). *Evolution du carbone et de l'azote.*
7. Courtade (D.). *L'irritabilité dans la série animale.*
8. Martel (A.). *Spéléologie.*
9. Bonnier (P.). *L'orientation.*
10. Griffon (Ed.). *L'assimilation chlorophyllienne et la structure des plantes.*
11. Bohn (G.). *L'évolution du pigment.*
12. Constantin (J.) *Hérédité acquise.*
13. Mendelssohn (M.). *Les phénomènes électriques chez les êtres vivants.*
14. Imbert (A.). *Mode de fonctionnement économique de l'organisme.*
15. 16. Levaditi (C.). *Le leucocyte et ses granulations.*
17. Anglas (J.). *Les phénomènes des métamorphoses internes.*
18. Mouneyrat (Dr A.). *Purine et ses dérivés.*

SÉRIE PHYSICO-MATHÉMATIQUE.

N° 2. — Le magnétisme du fer, par Ch. Maurain, ancien Élève de l'École normale supérieure, Agrégé des Sciences physiques, Docteur ès sciences.

Chap. I. *Phénomènes généraux*. Courbes d'aimantation. Procédés de mesure. Etude des particularités des courbes d'aimantation. Influence de la forme. Champ démagnétisant. Aimantation permanente. — Chap. II. *Etude particulière du fer, de l'acier et de la fonte*. — Chap. III. *Aimantation et temps*. Influence des courants induits. Retard dans l'établissement de l'aimantation elle-même. Aimantation anormale. Aimantation par les oscillations électriques. — Chap. IV. *Energie dissipée dans l'aimantation*. Influence de la rapidité de variation. Loi de Steinmetz. Variation de la dissipation d'énergie avec la température. Hystérésis dans un champ tournant. — Chap. V *Influence de la température*. — Chap. VI. *Théorie du Magnétisme*.

N° 3. — La Stéréochimie, par P. Freundler, Docteur ès sciences, Chef de travaux pratiques à la Faculté des Sciences de Paris.

Chap. I. *Historique*. — Chap. II. *Le carbone tétraédrique*. Notion du carbone tétraédrique. Principe fondamental. Chaînes ouvertes. Principe de la liaison mobile. Position avantagée. Double liaison et triple liaison. Isomérie éthylénique. Chaînes fermées. Théorie des tensions. Applications diverses de la notion du carbone tétraédrique. — Chap III. *Le carbone asymétrique*. Notion du carbone asymétrique. Principes fondamentaux. Chaînes renfermant plusieurs carbones asymétriques; racémiques et indédoublables. Chaînes fermées. Vérifications expérimentales et applications de la notion du carbone asymétrique. Relations entre la dissymétrie moléculaire et la grandeur du pouvoir rotatoire. Produit d'asymétrie. Relations entre la dissymétrie moléculaire et la dissymétrie cristalline. — Chap. IV. *La stéréochimie de l'azote*. Représentation schématique de l'atome d'azote. Isomères géométriques de l'azote. L'azote asymétrique. — Chap. V. *Stéréochimie et Tautométrie*. — Bibliographie. Ouvrages classiques. Principaux Mémoires.

N° 4. — Les mouvements de roulement en Dynamique, par P. Appell, de l'Institut.

Chap. I. *Quelques formules générales relatives au mouvement d'un solide*. Quelques théorèmes de Cinématique. Formules. Applications. Accélération du point. Mouvement d'un corps solide autour d'un point fixe. Cas particuliers. Mouvement d'un corps solide libre. — Chap. II. *Roulements*. Roulement et pivotement d'une surface mobile sur une surface fixe. Conditions physiques déterminant le roulement et le pivotement d'une surface mobile sur une surface fixe. Force vive d'un corps solide animé d'un mouvement de roulement et pivotement. Equation du mouvement du corps. — Chap. III. *Applications*. Applications. Roulement d'une sphère sur une surface. Exemples. Equations du mouvement d'un solide pesant assujetti à rouler et pivoter sur un plan horizontal. Roulement et pivotement d'un corps pesant de révolution sur un plan horizontal. Applications. Recherches de M. Carvallo. Problème de la bicyclette. — Chap. IV. *Mécanique analytique, équations de Lagrange*. Le roulement est une liaison qui ne peut pas s'exprimer en général par des équations en termes finis. Application de l'équation générale de la Dynamique. Emploi des équations de Lagrange. Impossibilité d'appliquer directement les équations de Lagrange au nombre minimum des paramètres. — I. Sur les mouvements de roulement. — II. Sur certains systèmes d'équations aux différentielles totales.

N° 5. — Le phenomène de Zeeman, par A. Cotton, Maître de conférences de Physique à l'Université de Toulouse.

Chap. I. *Etude des raies spectrales.* Unités. Réseaux. Pouvoir séparateur. Spectroscope à échelons. Interféromètre. Appareil de MM. Pérot et Fabry. Conclusion. Remarque pratique. — Chap. II. *Changements que peuvent subir les raies.* Changements dans l'aspect des raies. Constitution des raies. Changements de longueur d'onde. Effet Döppler-Fizeau. Déplacements produits par des changements de pression. — Chap. III. *Découverte du changement magnétique des raies.* Expériences de M. Chautard. Expériences de Faraday. Expériences de M. Tait. Expériences de Fiévez. Expériences de Zeeman. Intervention de la théorie de Lorentz. — Chap. IV. *Changement des raies d'émission parallèlement aux lignes de force.* Doublet magnétique. Polarisation circulaire des raies du doublet. Règle de MM. Cornu et Kœnig. Constitution des deux raies du doublet. — Chap. V. *Changements observés perpendiculairement aux lignes de force.* Polarisation rectiligne des raies modifiées. Vibrations perpendiculaires aux lignes de force. Vibrations parallèles aux lignes de force. Premier cas : triplet normal. Deuxième cas : quadruplet. Troisième cas : la raie centrale est un triplet. Conclusion. Note sur un point de théorie. — Chap. VI. *Comparaison des diverses raies.* Etude qualitative. Comparaison quantitative. Règle de M. Preston. Mesures absolues. — Chap. VII. *Le phénomène de Zeeman et l'absorption.* Règle de Kirchhoff. Expériences sur le phénomène de Zeeman, sans spectroscope. Etude du changement magnétique des raies renversées. Expériences d'Egoroff et Georgiewky. Travail de Lorentz. — Chap. VIII. *Propagation de la lumière dans un champ magnétique.* Le faisceau émergeant à la même longueur d'onde. Polarisation rotatoire magnétique. Propagation des vibrations circulaires. Dispersion rotatoire. Faisceau incliné sur les lignes de force. Réflexion sur les miroirs aimantés. — Chap. IX. *Nouvelles expériences se rattachant au phénomène de Zeeman.* Expérience de M. Righi. Expériences de MM. Macaluso et Corbino. Dispersion anormale des vapeurs de sodium (H. Becquerel). Explication de l'expérience de MM. Macaluso et Corbino. — Chap. X. *Autres expériences.* Expérience avec le sodium, perpendiculairement au champ. Expérience de M. Voigt. Explication de la biréfringence magnétique. Propriétés de l'hypoazotide, des vapeurs d'iode et de bronze.

N° 6. — Groupements cristallins, par Fred. Wallerant.

Chap. I. *Généralités sur la structure des corps cristallisés.* — Chap. II. *Historique.* — Chap. III. *Du rôle des éléments de symétrie de la particule dans la formation des groupements.* — Chap. IV. *Classification des groupements.* — Chap. V. *Groupements binaires autour d'un axe ternaire.* — Chap. VI. *Groupements parfaits.* — Chap. VII. *Groupements imparfaits.* Cristaux ternaires. Staurotides. Feldspaths. — Chap. VIII. *Groupements obtenus par actions mécaniques.* Déformation des réseaux. Déformation de la particule complexe.

N° 7. — L'élimination, par A. Laurent, Examinateur à l'École Polytechnique.

Chap. I. *Elimination entre deux équations.* Notions préliminaires. Développement d'une fonction rationnelle. Formules de Newton. Définition du résultant. Seconde méthode. Troisième méthode. Quatrième méthode. Cinquième méthode. Sixième méthode. Indications d'autres méthodes. Résolution d'un système à deux inconnues. Solutions multiples Solutions singulières. Condition pour que trois équations aient une solution commune. — Chap. II. *Elimination dans le cas général.* Equivalences. Résolution de trois équations. Théorème de Bezout. Méthode de Bezout. Théorème de Jacobi. Les fonctions symétriques. Nouvelle méthode. Les fonctions interpolaires. Résultante. Son expression explicite. Etude des propriétés de la résultante. Méthode d'élimination de Labatie et analogues. Équations homogènes. Solutions doubles. Autre exemple de simplifications. Autre exemple. Etude d'une équation remarquable. Discriminants. Propriétés des solutions communes. Reconnaître si un polynome est réductible. Développement en série. Extension partielle aux équations transcendantes. Appendice.

N° 8. — Tonométrie, par F.-M. RAOULT, Membre correspondant de l'Institut. Doyen de la Faculté des Sciences de Grenoble.

INTRODUCTION : *Symboles et définitions*. — CHAP. I. *Méthodes d'observation*. Description spéciale de la méthode dynamique ou d'ébullition. Causes d'erreur, moyen de les éviter. Ebullioscope de Raoult. Description de la méthode statique. Tonomètres différentiels de Bremer, de Dieterici. Méthodes hygrométrique, volumétrique, gravimétrique. Degré d'approximation. — CHAP. II. *Etude des non-électrolytes*. La diminution de tension de vapeur dans ses rapports avec la température. La diminution de tension de vapeur dans ses rapports avec l'abaissement du point de congélation. La diminution de tension de vapeur dans ses rapports avec l'élévation du point d'ébullition. La diminution de tension de vapeur dans ses rapports avec la concentration. La diminution de tension de vapeur dans ses rapports avec la nature des corps dissous et des dissolvants. La diminution de tension de vapeur dans ses rapports avec la densité de vapeur. Détermination tonométrique des densités de vapeurs saturées. — CHAP. III. *Suite des non-électrolytes*. La loi de Raoult dans ses rapports avec l'élévation du point d'ébullition. Détermination tonométrique des chaleurs latentes de vaporisation. Détermination tonométrique des poids moléculaires des non-électrolytes. Emploi de la méthode statique. Emploi de la méthode dynamique. Corrections. Emploi du mercure comme dissolvant (Ramsay). — CHAP. IV. *Etude des électrolytes*. Etude des dissolutions des sels dans l'eau. Influence de la concentration, de l'ionisation, de l'hydratation, de la température. — CHAP. V. *Suite des électrolytes*. Dissolutions des sels dans l'alcool. Dissolutions des sels dans l'éther, l'acétone, etc. Etat des sels dans leurs dissolutions étendues, dans leurs dissolutions concentrées. Résultats fournis par la tonométrie pour les poids moléculaires des sels. — BIBLIOGRAPHIE.

N° 9. — La célérité des ébranlements de l'éther, par L. DÉCOMBE, Docteur ès sciences.

Introduction. — CHAP. I. *Considérations générales sur l'éther*. Classification des phénomènes physiques. Anciens fluides. Origine commune. Synthèse des forces physiques. Conservation de l'énergie. Nature des forces physiques. Propagation dans le vide. Propagation par transparence. Hypothèse de l'éther. — CHAP. II. *Histoire de l'éther. Lumière :* Théorie de l'émission. Théorie des ondulations. Principe d'Huygens. Principe de Young. Travaux de Fresnel. Expérience de Foucault. Périodes de vibrations. *Chaleur :* Théories de l'émission. Calorique. Rayons de différentes espèces. Spectre calorique. Unité du spectre. Radiations chimiques. Analogies optiques. Nature de la chaleur. Limites extrêmes du spectre. *Electricité :* Polarisation rotatoire magnétique. Nombre v de Maxwell. Théorie électromagnétique de la lumière. — CHAP. III. *Les oscillations hertziennes*. Formule de Thomson. Champs oscillants. Expériences de Feddersen. Excitateur. Excitateur de Hertz. Excitateur de Lodge. Excitateur de Blondlot. Résonnateur. Propagation le long d'un fil. Transparence électromagnétique. Réflexion métallique. Réfraction. Interférences électromagnétiques. Interférences dans l'espace. Interférences le long des fils. Expériences de Righi. Polarisation. Double réfraction. Télégraphie sans fils. Radioconducteur de Branly. Conclusions. — CHAP. IV. *La formule de Newton*. Hypothèses. Centre de vibration. Ondes sphériques. Transversalité des vibrations. Ondes planes. Formule de Newton. Influence du milieu. Théorie de

Fresnel. Théorie de Neumann et de Mac-Cullagh. Réfraction. Dispersion. Cas des phénomènes électriques. Pouvoir inducteur spécifique. Perméabilité magnétique — CHAP. V. *La vitesse de la lumière.* — CHAP. VI. *La vitesse de l'electricité.* — CHAP. VII. *La vitesse de propagation de l'onde électromagnetique.* — CHAP. VIII. *La dispersion dans le vide.* — CHAP. IX. *L'éther de Maxwell.*

N° 10. — **Les rayons cathodiques**; par P. VILLARD, Docteur ès sciences.

CHAP. I. *Appareils.* Appareils à raréfier les gaz. Préparation de l'oxygène pur Préparation de l'hydrogène pur et sec. Sources d'électricité. — CHAP. II. *Phénomènes electriques dans les gaz raréfiés.* Lumière positive. Gaine négative. Espace obscur de Hittorf. Résistance électrique des tubes à décharges. Discontinuité de la décharge. — CHAP. III. *L'émission cathodique.* Découverte des rayons cathodiques. Le faisceau cathodique. — CHAP. IV. *Propriétés des rayons cathodiques.* Phénomène de phosphorescence. Effets mécaniques. Effets calorigues. Emission des rayons Rœntgen. Propagation rectiligne des rayons cathodiques. Expérience de la croix. — CHAP. V. *Electrisation des rayons cathodiques.* Expériences diverses. Expériences de M. J. Perrin. — CHAP. VI. *Électrisation des tubes à décharges.* Chute de potentiel à la cathode. Capacité des tubes à décharges. — CHAP. VII. *Actions électrostatiques.* Action d'un champ électrique sur les rayons cathodiques. Calcul de la déviation. Mesure de la chute de potentiel à la cathode. Absence d'action réciproque entre deux rayons cathodiques. — CHAP. VIII. *Action d'un champ magnétique sur les rayons cathodiques.* Déviation magnétique. Calcul de la déviation. Relation entre la déviation et le potentiel de décharge. Constance du rapport $\frac{e}{m}$. Conséquence des lois de l'action magnétique. Concentration des rayons cathodiques dans un champ magnétique. Rayons parallèles au champ. — CHAP. IX. *Vitesse des rayons cathodiques.* Méthodes indirectes de J.-J. Thomson. Valeur de $\frac{e}{m}$ et de V. Expérience de M. E. Wiechert. — CHAP. X. *Hétérogénéité des rayons cathodiques.* Expérience de M. Birkeland. Dispersion électrostatique. Expérience de M. Deslandres. Cause de la dispersion magnétique ou électrique. — CHAP. XI. *Actions chimiques des rayons cathodiques.* Colorations produites par les rayons. Photo-activité des sels colorés par les rayons. Phénomènes de réduction. Production d'ozone. — CHAP. XII. *Phénomènes divers.* Cas particulier d'émission cathodique. Passage des rayons au travers des lames minces. Diffusion des rayons cathodiques. Réflexion et réfraction apparentes. Evaporation électrique. Phénomènes d'oscillation dans le tube à décharge. Kanalstrahlen ou rayons de Goldstein. Surfaces interférentielles de Jaumann. Rayons cathodiques non déviables. — CHAP. XIII. *Expérience de M. Lénard.* Rayons cathodiques dans l'air à la pression ordinaire. Rayons cathodiques dans les gaz à diverses pressions. — CHAP. XIV. *La formation des rayons cathodiques.* Rôle de l'électrisation des parois. Afflux cathodique. Émission. Propagation. — CHAP. XV. *Nature de la matière radiante.* Union de la matière radiante. Rayons cathodiques. Rayons cathodiques diffusés. Afflux cathodique. Rayons de Goldstein. Hydrogène cathodique. — CHAP. XVI. *Les corps radioactifs et les rayons cathodiques naturels.* Rayons uraniques. Radioactivité induite. Rayons déviables du radium. Électrisation des rayons du radium.

N° 11. — **Production et emploi des courants alternatifs**; par L. BARBILLION, Docteur ès sciences.

Introduction. — CHAP. I. *Rappel des quelques notions théoriques relatives à l'induction électromagnétique et aux machines à courant continu.* Phénomènes d'induction. Machines dynamo-électriques à courant continu. —

CHAP. II. *Étude d'un courant alternatif*. Caractéristique d'un courant alternatif. Etude d'un circuit parcouru par un courant alternatif simple sinusoïdal. Courant polyphasé et champ tournant. — CHAP. III. *Classification des machines d'induction. Expression du travail électromagnétique développé dans une machine d'induction*. — CHAP. IV. *Machines génératrices à courants alternatifs*. — CHAP. V. *Moteurs à courants alternatifs*. Moteurs asynchrones. Moteurs asynchrones polyphasés. Moteurs asynchrones monophasés. Comparaison des moteurs synchrones et asynchrones. Moteurs monophasés. Moteurs polyphasés. — CHAP. VI. *Transformation du courant*. Transformateurs statiques. Convertisseurs rotatifs. Commutatrices.

N° 12. — **La série de Taylor et son prolongement analytique**; par JACQUES HADAMARD.

Propriétés fondamentales des fonctions analytiques. — Nature et difficulté du problème. — Méthodes directes. — Les séries qui admettent le cercle de convergence comme ligne singulière. — Recherches des singularités de nature déterminée. — Méthodes d'extension. Les séries de polynomes et le théorème de M. Mittag-Leffler. — Méthodes de transformation. — Application des principes généraux du calcul fonctionnel. — Généralisations diverses. — Applications. — Conclusions. — Bibliographie.

N° 13. — **Cryoscopie**; par F.-M. RAOULT, Membre correspondant de l'Institut, Doyen de la Faculté des Sciences de Grenoble.

Ire Partie. *Principes généraux*. Symboles et définitions. Historique. Phénomènes qui accompagnent la congélation. Surfusion. Généralités sur la température de congélation des mélanges liquides. Nature de la glace formée dans les dissolutions. Solutions solides. Température de congélation des dissolutions. Causes d'erreur. Corrections. Influence de la température de l'enceinte. Influence de l'étui de glace, de l'agitation, de l'air dissous. — **IIe Partie.** *Méthode d'observation*. Cryoscopes usuels de Raoult, Paterno et Nasini, Auwers, Beckmann, Eykmann. Cryoscopes de précision de Roloff, Jones, Wildermann, Obegg, Laomis. Cryoscope de précision de Raoult. Dispositif pour les températures élevées. — **IIIe Partie.** *Cryoscopie des non-électrolytes* (substances organiques). Influence de la concentration. Influence de la nature des corps dissous. Loi de Raoult. Sa généralité. Anomalies. Influence de la nature des dissolvants; loi de Raoult-Van't-Hoff. Détermination des poids moléculaires. Cryoscopie des composés minéraux non-électrolytes. Constitution des corps moléculaires dissous (métaux, métalloïdes, composés organiques). — **IVe Partie.** *Cryoscopie des électrolytes* (composés salins). Influence de la concentration. Poids moléculaire des sels dans d'autres dissolvants que l'eau.

N° 14. — **Franges d'interférence et leurs applications métrologiques**, par J. MACÉ DE LÉPINAY, Professeur à la Faculté des Sciences de Marseille.

Ire Partie. CHAP. I. Production des franges d'interférence. — CHAP. II. Appareils interférentiels. — CHAP. III. Sur l'emploi des sources lumineuses étendues. — CHAP. IV. Apparitions et disparitions périodiques des franges d'interférence. — CHAP. V. Sources. — **IIe Partie.** CHAP. I. Généralités. — CHAP. II. Détermination d'un ordre d'interférence (partie fractionnaire). — CHAP. III. Détermination d'un ordre d'interférence (partie entière). — CHAP. IV. Comparaison de longueurs. — CHAP. V. Correction progressive des données primitives. Applications. — **IIIe Partie.** CHAP. I. Préliminaires. — CHAP. II. Comparaison de longueurs d'onde à l'étalon prototype du mètre. — Chap. III. Mesures optiques de longueurs. — Chap. IV. Application à la détermination de la masse du décimètre cube d'eau distillée, privée d'air à 4°.

N° 15. — La Géométrie non-euclidienne, par P. Barbarin.

Chap. I. Considérations générales et historiques. — Chap. II. Les définitions et postulats d'après Euclide. Les trois géométries. — Chap. III. La distance comme notion fondamentale. — Chap. IV. La géométrie générale dans le plan et dans l'espace. — Chap. V. La trigonométrie. — Chap. VI. Mesures des aires et volumes. — Chap. VII. Les contradicteurs de la géométrie non-euclidienne. — Chap. VIII. La géométrie physique.

N° 16. — Le phénomène de Kerr, par E. Neculcéa.

Bibliographie. — Préface. — Introduction. — Ire PARTIE. **Expériences.** Chap. I. *Diélectriques solides.* Premières expériences de J. Kerr. Expériences de H. Brongersma. Conclusion. — Chap. II. *Diélectriques liquides.* Expériences de J. Kerr. Corps électro-optiquement positifs. Corps électro-optiquement négatifs. Résultats qualitatifs. Expériences de Röntgen. Expériences de Brongersma. Résultats quantitatifs. Phénomène de Kerr dans un champ électrique uniforme. Projection du phénomène. Mesures absolues de la constante de Kerr. — Chap. III. *Disparition instantanée du phénomène de Kerr.* Méthode de M. R. Blondlot. Expériences de MM. Abraham et J. Lemoine.

IIe PARTIE. **Théorie.** Chap. I. *Essais théoriques de M. F. Pockels.* Chap. II. *Théorie de M. W. Voigt.* Généralités. Introduction du champ électrique extérieur. Corps transparents. Cas d'une bande d'absorption. Conclusions. Corps actifs. Analogue du phénomène de Zeeman. Corps isotropes; phénomènes de Kerr. Généralisation de théorie. Conclusion.

IIIe PARTIE. **Phénomène électro-optique analogue au phénomène de Zeeman.**

N° 17. — Théorie de la Lune, par H. Andoyer, Professeur adjoint à la Faculté des Sciences de l'Université de Paris.

Chap. I. Mise en équations et réduction du problème. — Chap. II. Étude des équations de la théorie solaire du mouvement de la Lune. Forme de la solution. — Chap. III. Calcul effectif des principales inégalités solaires du mouvement de la Lune. — Chap. IV. Formation des équations qui déterminent les inégalités secondaires du mouvement de la Lune. — Chap. V. Détermination de quelques inégalités secondaires périodiques du mouvement de la Lune. — Chap. VI. Influence des inégalités séculaires du Soleil sur le mouvement de la Lune.

N° 18. — Géométrographie ou art des constructions géométriques, par E. Lemoine.

Avant-propos. — Ire **Partie.** But de la Géométrographie. Construction des problèmes classiques. — IIe **Partie.** Problèmes relatifs aux pôles et polaires, aux axes et aux centres radicaux, à la moyenne géométrique entre deux droites. Le rapport anharmonique; l'involution. Symboles du *Streckenübertrager* de M. Hilbert. — Appendice.

N° 19. — L'électricité déduite de l'expérience et ramenée aux principes des travaux virtuels, par E. CARVALLO, Docteur ès sciences, Agrégé de l'Université, Examinateur de Mécanique à l'École Polytechnique.

Préface. — Ire PARTIE. **Les courants d'induction d'après Helmholtz et Maxwell.** Introduction. — CHAP. I. *Théorie de Helmholtz.* Fonction des forces électromagnétiques. Induction magnétique. Équation de l'énergie. Force électromotrice induite. Self-induction. Courants en régime variable. Interprétations mécaniques. — CHAP. II. *Équation générale de la Dynamique.* Théorème des travaux virtuels. Travail des forces d'inertie. Équations de Lagrange. — CHAP. III. *Théorie de Maxwell.* Les courants induits d'après Maxwell. Recherches de Maxwell sur l'énergie cinétique des courants mobiles. Du rôle des aimants dans la théorie de Maxwell, d'après M. Sarrau. — Conclusions de la première Partie.

IIe PARTIE. **L'électricité ramenée au principe des travaux virtuels.** — Introduction. — CHAP. I. *Théorie de l'électricité dans les corps en repos.* Extension des lois de Kirchhoff aux conducteurs à trois dimensions. Extension des lois de Kirchhoff au régime variable et aux diélectriques. Équations générales de l'Électrodynamique dans les corps en repos. Le problème de l'Électrodynamique et l'Électro-optique. Énergie électrique. — CHAP. II. *Théorie de l'électricité dans les corps en mouvement.* La théorie de Maxwell et la roue de Barlow. Lois de l'inertie électrique. Électrodynamique des corps en mouvement. — Conclusion générale.

N° 20. — Sur les principes fondamentaux de la théorie des nombres et de la Géométrie, par H. LAURENT, Examinateur à l'École Polytechnique.

Introduction. — Égalité et addition. — Quantités. — Propriétés des quantités. — Les nombres. — Multiplication et division. Les incommensurables. — Logarithmes. **Conclusion.** — La pangéométrie. — Les espaces et leurs dimensions. — Déplacements euclidiens. — Distances. — Figures égales. — Ligne droite. — Angles — Trigonométrie. — Perpendiculaire commune à plusieurs droites. — Contacts. — Longueurs. — Pangéométrie sphérique. — Trigonométrie sphérique. — Pangéométrie hyperbolique. — La géométrie euclidienne. — **Résumé.**

N° 21. — La compressibilité des gaz réels, par L. DÉCOMBE, docteur ès sciences.

La loi de Mariotte. — Compressibilité des gaz aux pressions élevées. — Compressibilité des gaz aux faibles pressions. — Influence de la température sur la compressibilité des gaz. — Le point critique. — Fonction caractéristique. — Les états correspondants. — Compressibilités des mélanges gazeux.

N° 22. — Diagrammes et surfaces thermodynamiques, par J.-W. GIBBS. Traduction de G. ROY, Chef des travaux de Physique à l'Université de Dijon, avec une introduction de B. BRUNHES, professeur à l'Université de Clermont.

Méthodes graphiques dans la thermodynamique des fluides. — Méthode de représentation géométrique des propriétés thermodynamiques des corps par des surfaces.

N° 23. — La théorie de Maxwell et les oscillations hertziennes. La Télégraphie sans fil, par H. Poincaré.

Généralités sur les phénomènes électriques. — La théorie de Maxwell. — Les oscillations électriques avant Hertz. — L'excitateur de Hertz. — Moyens d'observation. — Le cohéreur. — Propagation le long d'un fil. — Mesure des longueurs d'onde et résonance multiple. — Propagation dans l'air. — Propagation dans les diélectriques. — Production des vibrations très rapides et très lentes. — Imitation des phénomènes optiques. — Synthèse de la lumière. — Principe de la télégraphie sans fil. — Application de la télégraphie sans fil.

N° 24. — L'Algèbre de la Logique; par Louis Couturat.

Les deux interprétations du Calcul logique. Relation d'inclusion. Définition de l'égalité. Principe d'identité. Principe du syllogisme. Définition de la multiplication et de l'addition. Principes de simplification et de composition. Loi de tautologie et d'absorption. Théorèmes de multiplication et d'addition. Première formule de transformation des inclusions en égalités. Loi distributive. Définition de 0 et de 1. Loi de dualité. Définition de la négation. Principes de contradiction et du milieu exclu. Loi de double négation. Seconde formule de transformation des inclusions en égalités. Loi de contraposition. Postulat d'existence. Développements de 0 à 1. Propriétés des constituants. Fonctions logiques. Loi du développement. Formule de De Morgan. Sommes disjointes. Propriétés des fonctions développées. Bornes d'une fonction. Formules de Poretsky. Théorème de Schröder. Résultante de l'élimination. Cas d'indétermination. Sommes et produits de fonctions. Expression d'une inclusion au moyen d'une indéterminée. Solution de l'équation à une inconnue au moyen d'une indéterminée. Élimination dans une équation à plusieurs inconnues. Théorèmes sur les valeurs d'une fonction. Conditions d'impossibilité et d'indétermination. Résolution des équations à plusieurs inconnues. Problème de Boole. Méthode de Poretsky. Loi des formes. Loi des conséquences. Loi des causes. Application de la loi des formes aux conséquences et aux causes. Exemple : Problème de Venn. Schèmes géométriques de Venn. Machine logique de Jevons. Tableau des conséquences. Tableau des causes. Nombre des assertions possibles touchant n termes. Propositions particulières. Solution de l'inéquation à une inconnue. Système d'une équation et d'une inéquation. Formules spéciales au Calcul des propositions. Équivalence d'une implication et d'une alternative. Loi d'importation. Réduction des inégalités et des égalités. Conclusion. Bibliographie. Liste des signes et abréviations.

N° 25. — Sur les systèmes triplement indéterminés et sur les systèmes triple-orthogonaux; par C. Guichard, Correspondant de l'Institut, Professeur à l'Université de Clermont-Ferrand.

Introduction. — Propriétés focales. Systèmes assemblés. Lois d'orthogonalité des éléments. — Systèmes points O. — Systèmes qui se rattachent aux systèmes O. — Indication de divers types de problèmes. — Les systèmes O, I O dans l'espace à trois dimensions. — Les systèmes O de l'espace à trois dimensions applicables sur des systèmes de l'espace à six dimensions.

N° 26. — La double réfraction accidentelle dans les liquides; par G. de Metz.

La double réfraction dans les liquides, gelées et dissolutions déformés mécaniquement. — La double réfraction dans les liquides déformés électriquement. — La double réfraction dans les liquides en mouvement giratoire.

double réfraction accidentelle dans le champ magnétique. — Aperçus théoriques sur la double réfraction accidentelle des liquides mécaniquement déformés. — De la constitution des colloïdes, des huiles et des verres. — Aperçus théoriques sur le phénomène électro-optique de Kerr. — Identité de ce phénomène avec celui de la double réfraction accidentelle produite par la déformation mécanique des liquides.

N° 27. — **La Mécanique des phénomènes fondée sur les analogies** ; par M. Petrovitch, Professeur à l'Université de Belgrade.

Introduction. — Considérations préliminaires sur les analogies. Esquisse d'une Mécanique générale des causes et de leurs effets. Éléments du schéma. Équations régissant l'action des causes. Définitions analytiques des fonctions X. Quelques théorèmes généraux. — Schémas représentant l'action des causes. — Aperçu sur les applications de la Mécanique générale. — Conclusions générales.

N° 28. — **Les Bases physiques de la Musique**, par H. Bouasse, Professeur à la Faculté des Sciences de Toulouse.

Introduction. Hauteur des sons. Intervalles. Définition du savart. Échelle des sons. Gamme à tempérament égal. Diapason normal. Résonance. Théorie physique de l'oreille. Affinité des sons. Constitution de la gamme rationnelle. Principe de tonalité. Modes. Consonances et dissonances. Modulation et transposition. Des tempéraments. Obtention des sons. Tolérance de l'oreille. Précision du mécanisme. Mesure. Rythme. Instruments de percussion.

38917 Paris. Imprimerie GAUTHIER-VILLARS, 55, quai des Grands-Augustins.

Défauts constatés sur le document original

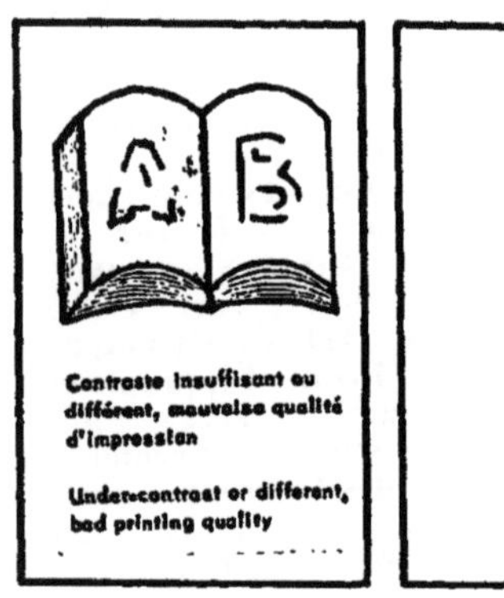

www.ingramcontent.com/pod-product-compliance
Ingram Content Group UK Ltd.
Pitfield, Milton Keynes, MK11 3LW, UK
UKHW012052240726
13965UKWH00003B/1233

9 782013 455138